KB092480

**아이의 마음을
읽어주는 엄마**

상처 주지 않고 양육하기 위해 알아야 할 4-7세 마음 법칙

아이의 마음을
읽어주는 엄마

김원경 지음

midnight bookstore

제가 심리학을 전공한다고 했을 때 가장 많이 들었던 질문 중 하나는 '심리학을 전공하면 사람의 마음을 더 잘 읽을 수 있나요?'였습니다. 대학 입학과 동시에 접하게 된 심리학이라는 학문은 스스로 원해서 선택한 과목이기도 했지만, 공부를 하면 할수록 나에게 너무 잘 맞는 재미있는 학문이라는 생각이 들었습니다. 그리고 심리학을 알면 알수록 다른 사람의 마음을 읽고 알아내려는 학문이 아니라, 나 자신을 잘 이해하고 그로 인해 더욱 적응력 있고 유연한 사람이 되기 위해 필요한 공부라는 생각이 들었습니다. 나를 올바르게 이해하는 것이 결국 다른 사람을 이해하는 데 첫걸음이 되기 때문입니다.

심리학에는 여러 분야가 있습니다. 그중 저의 전문 분야는 '발달심리학'입니다. 인생의 전 과정을 심리학적으로 다루는 분야이지요. 제가 발달심리학을 전공했다고 하면 많은 사람들이 아이를 키우는 특별한 노하우가 있을 것이라고 기대합니다. 대부분의 사람들이 '발달'의 의미를 아이가 성장하는 시기에만 해당되는 것으로 국한시켜 생각하기 때문입니다. 실은 그렇지 않은데 말이지요.

발달은 한 사람의 일생을 다루는 학문입니다. 그 과정에서 '아이'로 지내는 시절은 한 순간에 속할 뿐 인생에서 그리 긴 시기에 해당하지는 않습니다. 그러나 인생이라는 여정을 무사히 그리고 의미 있게 걸어가기 위해 너무나도 중요한 의미를 갖는 시기임에는 분명합니다.

학문적 지식과는 별개로 아이를 양육한다는 것은 정말로 쉽지 않은 일입니다. 저는 학부와 대학원 과정을 통해 발달심리학을 공부했고, 심도 있게 관찰과 연구를 거듭해왔음에도 내 아이를 키우는 데 있어서는 어려운 점이 많았습니다. 제가 쌓아온 학문적 지식이 도움이 되기도 했지만 한편으로는 아무 소용이 없는 것처럼 여겨질 때도 많았거든요. 그만큼 양육은 변수가 많은, 매우 역동적인 일이라는 것을 내 아이를 키우는 과정에서 수없이 체감할 수 있었습니다. 그러나 분명한 것은 아이를 키우는 과정에서 책으로만 접했던 발달심리학적 현상을 직접 체험하고 적용해가면서 아이를 키우는 즐거움과 행복을 더 크게 느끼게 되었다는 점입니다.

저는 일란성 쌍둥이를 출산하게 되면서 아이 발달에 있어 유전과 환경의 영향력을 몸소 체험했습니다. 또한 일란성 쌍둥이임에도 불구하고 너무나 다른 성격과 성향을 보이는 두 아이를 키우면서 내가 가진 발달심리학적 지식의 한계를 넘어서는 경험을 하기도 했습니다. 직접 내 아이를 양육하는 일은 결국 나의 학문적 깊이를 더하는 데 도움이 되었을 뿐만 아니라 더 나아가 이론과 실제가 어떻게 같은지 또는 다른지 깨달아가면서 부모로서 더욱 성숙해지고 학자로서는 학문적 깊이를 더할 수 있는 기회가 되었습니다. 그리고 이는 아이들에게 매우 감사해야 할 일이라고 생각합니다.

이러한 감사의 마음이 이 책을 집필하는 원동력이 되었습니다. 그리고 발달심리학을 강의하고 연구하는 저로서는 이론과 실제를 접목시키는 일이 학문적으로나 실용적으로 매우 중요하다는 것을 알고 있기에 이러한 저의 지식이 누군가의 실생활에 도움이 되기를 바라는 간절함이 또 다른 집필 동기가 되었습니다.

아이를 임신하여 출산하기까지, 또 출산 후 첫돌을 맞이할 때까지의 발달 과정에 대해서는 주차별, 월령별로 상세하게 안

내되어 있는 도서가 이미 많이 존재합니다. 하지만 육아에 대해서는 더 이상 월령별로 가이드라인을 제시할 수 없습니다. 이 시기 아이들의 육아 가이드라인은 영역별로 제시해주는 것이 좋습니다. 이 책은 아이의 성장과 발달에 중요한 영역을 심리학적 차원에서 분류하였습니다. 각 영역별 다양한 발달의 특징을 심리학적으로 이해하는 데 도움을 주어 궁극적으로 아이를 위한 양육이 부모가 아닌, 진정 아이를 위하는 방식이 될 수 있도록 도움을 주고자 했습니다.

책에는 어린아이들을 키우는 부모가 가장 궁금해할 만한, 양육에 있어 가장 핵심적인 다섯 가지 주제를 담았습니다. 바로 '학습과 훈육', '인지와 지능', '자아의 발견', '정서와 사회성', '발달 환경'이라는 키워드입니다. 각각의 주제를 통해 아이를 키우는 과정에서 생기는 다양한 문제와 그 해결책을 심리학적 관점으로 해석하고 알려주고자 노력하였습니다.

우리는 아이를 키우면서 상상이상으로 다양한 감정을 경험하게 됩니다. 내 아이라고 마냥 예쁘기만 한 것도 아니고, 혹시 문제아가 되는 것은 아닌지 온갖 걱정이 들기도 합니다. 때로는 아이가 원하는 것이 무엇인지 제대로 파악할 수 없어서 당황스러울 때도 있습니다. 아이를 키우는 보호자들이 그런 걱정과 의문을 덜어낼 수 있다면 육아가 조금은 덜 힘들 것 같다는 생각이 듭니다. 아이 마음이 어떻게 자라나는지를 이해하면 아이를 키우면서 경험하게 되는 난감한 일들, 때로는 문제인 것처럼 보이는 아이의 행동들에 조금 더 유연하게 대처할 수 있게 됩니다. 아이와 보호자가 서로 더 편안해질 수 있는 것입니다.

부디 여러분이 이 책을 통해 아이의 마음을 보다 잘 읽고 응답해줄 수 있기를, 더불어 양육자로서의 '나'의 마음도 살펴볼 수 있는 기회를 갖게 되길 바랍니다. 또한 부모와 아이가 더 많이 웃음 짓는, 행복한 나날을 보내는 데 조금이라도 도움이 되기를 간절히 희망합니다.

김원경

목차

들어가며 • 005

 무엇이 아이를 움직이게 할까?

| 학습과 훈육 |

지혜롭게 칭찬하고 꾸중하는 방법 보상과 처벌 • 017

좋은 행동을 습관화하는 방법 조건형성 학습 • 023

알아서 척척 잘하는 아이 통찰학습 • 028

타의 모범이 되는 아이로 키우려면? 관찰학습 • 033

화가 나면 문을 발로 차는 아이 방어기제 • 038

나쁜 습관 없애기 조형 • 044

조기교육 꼭 해야 할까요? 학습과 결정적 시기 • 049

부모의 기대가 아이에게 약이 되려면 피그말리온 효과 • 055

올바른 칭찬이 아이를 발전시켜요 로젠탈 효과 • 060

2장 소통하는 뇌가 건강한 사고를 한다

| 인지와 지능 |

아직은 지식보다 경험이 중요해요 동화와 조절 • 069

약속을 안 지키고 떼쓰는 아이 직관적 사고 • 074

선행학습보다 체험학습이 중요한 시기 자아중심성 • 079

놀이도 학습입니다 물활론 • 084

아이의 기억력 발달을 도와줄 수 있어요! 기억 발달 • 090

기억력 발달을 위해서는 전략이 필요해요 상위 기억 • 096

똑똑한 머리는 타고나는 걸까요? 지능과 IQ • 102

말 잘하는 아이가 똑똑하다? 언어 발달 • 107

아이가 말이 느려 걱정이에요! 언어 발달 지체 • 112

3장 아이는 경험을 통해 '자기주도성'을 갖는다

| 자아의 발견 |

자존감이 높은 아이 자기존중감 • 121

참을성 있는 아이는 특별해요 자기통제력의 발달 • 126

다른 사람의 마음을 헤아릴 줄 아는 아이 마음이론 • 131

노력하는 아이 vs. 운이 좋은 아이 성취동기 • 137

공감력과 이타심이 높은 아이 이타성 발달 • 142

아이 스스로 옳고 그름을 판단할 수 있을까요? 도덕성 발달 • 148

아이가 계속 혼잣말을 해요 혼잣말의 중요성 • 153

성적 호기심이 많은 아이, 어떻게 가르치나요? 성역할 사회화 • 158

성평등 교육도 필요합니다 심리적 양성성 • 164

4장 감성적인 아이가 사회 우등생으로 성장한다

| 정서와 사회성 |

감수성이 풍부한 아이로 키워주세요 정서 표현 • 173

이 시대 사회 우등생의 조건 정서지능 • 179

아빠랑 결혼할 거야! 애착 발달과 사회성 • 184

까다로운 아이라 키우기 힘들어요 기질 • 189

아이의 기질에 맞는 환경을 만들어주세요 조화의 적합성 • 195

다른 사람의 말을 흘려듣는 아이 주의력의 중요성 • 201

산만한 아이는 어떻게 지도해야 할까요? 주의력 훈련 • 207

동기부여에도 규칙이 필요합니다 내적 동기와 외적 동기 • 212

욕하고 때리는 아이 공격성 • 217

5장 주변의 모든 것이 아이를 자라게 한다

| 발달 환경 |

좋은 부모가 되는 법칙 양육 행동 • 227

도와주면 더 발달합니다 근접 발달 영역 • 233

잘못에 책임지는 아이로 키워주세요 도덕성 키우기 • 238

창의적인 아이는 무엇이 다를까요? 창의성 발달 • 243

혼자만 노는 아이 또래 관계 • 250

인기 있는 아이는 무엇이 다를까요? 또래 수용 • 255

외둥이라 버릇이 없을까 봐 걱정이에요 형제자매 관계 • 261

스마트폰, 얼마나 허락해야 할까요? 미디어 환경 • 267

1장

무엇이 아이를
움직이게 할까?

| 학습과 훈육 |

지혜롭게 칭찬하고
꾸중하는 방법

보
상
과

처
벌

아이를 키우는 모든 보호자들의
공통적인 양육 목표는 아이의 좋은 행동은 지속될 수 있도록, 바람직하지 못한 행동은 고치도록 지도해서 바르고 성숙한 어른으로 자랄 수 있게 도와주는 것이라고 생각합니다. 그러기 위해서는 부모가 아이의 행동에 대해 시의적절하게 보상이나 처벌을 해주면서 지혜롭게 지도해야 합니다. 그럼 과연 적절한 보상과 처벌이란 어떤 것일까요?

심리학에서는 어떤 행동을 지속할 수 있도록 영향을 주는 것을 '강화(Reinforcement)'라고 하며, 마찬가지로 어떤 행동을 하지 않도록 영향을 주는 것을 '처벌(Punishment)'이라고 하는데요.

예를 들어 아이가 TV 보는 것을 좋아하는 경우에는 'TV 시청'을 강화와 처벌에 모두 활용할 수 있을 겁니다. 시청 시간을 제한함으로써 처벌로 사용할 수 있는데, 이처럼 일정 시간 특정 행동을 금지시키거나 행동이 일어난 곳에서 물리적으로 떨어져 있도록 격리시키는 것을 '타임아웃(Time-out)'이라고 합니다. 가장 흔히 볼 수 있는 처벌 방식이지요.

아이를 훈육할 때는 처벌이 불가피한 상황이 많이 발생합니다. 그런데 많은 연구에서, 처벌은 당장 효과적인 것처럼 보여도 행동을 지속적으로 변화시키기 위한 궁극적인 방법으로는 부적절하다는 결론을 보여줍니다. 처벌이 효과적이지 못한 이유에 대한 심리학적 연구 결과를 요약해 보면 다음과 같습니다.

아이에게 소리를 지르는 처벌 큰소리로 화를 내거나 소리를 지르며 아이의 행동을 제지하려는 방식은, 아이에게 스트레스 상황에 대한 대처 방법으로 아주 부정적인 모델을 제시하는 것과 같습니다. 이후 아이가 다른 스트레스 상황에 처했을 때, 소리를 지르거나 악을 쓰는 방식으로 따라할 우려가 있습니다.

공포와 위협을 느끼도록 하는 처벌   이러한 방식은 아이에게 공포, 분노, 또는 회피를 가르치게 됩니다. 만약 아이를 거칠게 다루는 방식으로, 또는 아이를 위협하는 방식으로 나쁜 버릇을 고쳐주려 한다면 아이는 점점 부모에게 공포심을 느끼게 되어 그 상황을 회피하려고 할 것입니다.

부정적인 언어를 사용하는 처벌   처벌의 본질은 무언가를 '하지 말아야 한다'는 것을 알려주는 것입니다. 그러니 아이에게 '하지 말라면 하지 마'와 같은 막무가내 지시보다는, '왜' 그렇게 하고 싶은지 물어보고, 대화와 설득의 방식을 통해 아이가 같은 행동을 하지 않도록 지도해야 합니다.

즉흥적이고 감정적인 처벌   처벌을 할 때 대부분의 부모는 처음 의도와는 달리 점점 감정적이고 폭력적으로 변하는 경향이 있습니다. 적절한 훈육으로써의 목적을 잃고 비이성적인 처벌로 변질되지 않도록 각별히 주의해야 합니다.

처벌은 보통 아이에게 무엇인가가 잘못되었다는 정보를 제공하지만, 무엇을 해야 하는지에 대한 정보는 구체적으로 주지 않는 경우가 대부분입니다. 또한 처벌은 훈육을 위한 목적으로 사용되지만 그럼에도 불구하고 본질적으로는 부정적인 속성을 지닙니다. 그렇기에 처벌보다는 보상을 해주는 것이 훨씬 효과적일 수밖에 없습니다.

그렇다면 보상은 어떻게 하는 것이 좋을까요? 사실 우리 주변에는 우리가 느끼지 못하는 많은 것들이 이미 보상처럼 작용하고 있습니다. 우리가 편안한 생활을 영위하는 데 있어 필수적인 공기, 햇빛, 온도, 습도 등의 자연 조건도 우리에게는 하나의 보상이라고 할 수 있습니다. 그러므로 아이들의 훈육을 위한 보상 역시 그렇게 거창하지 않아도 괜찮습니다. 가장 대표적인 보상으로는 칭찬과 같은 '무형'의 것과 용돈이나 아이가 좋아하는 물건과 같은 '유형'의 것이 있습니다. "이번에 목표를 달성하면 네가 좋아하는 인형을 사줄게"와 같은 물질적 보상을 약속하는 것은, 아이에게 동기를 부여하여 성취하고자 하는 의욕을 북돋우는 데 효과적일 수 있습니다. 그러나 물질보다 더 효과적인 것은 칭찬과 같은 무형의 보상입니다. 무언가를 성취했을 때 '잘했어~'라는 부모의 말 한마디에 아이는 자존감이 높아지며 다음 목표에 있어서도 더 잘 해내야겠다는 결심을 할 수 있게 됩니다. 그런 점에서 칭찬은 아무리 많이 해줘도 지나치지 않다고 볼 수 있습니다. 그러나 이때도 분명히 주의할 점은 있습니다. 아이의 모든 행동에 대해 무조건 잘했다는 식의 칭찬은 보상으로 효과적이지 않습니다. 자신이 무언가를 했을 때 늘 칭찬을 듣는 아이는, 잘하지 못할 것 같은 일에 대해서는 도전하려고 하지 않거나 포기해버리는 경향을 보이기도 합니다. 또한 아이가 남들의 평가와 상관없이 정말 즐겁고 기꺼운 마음으로 어떤 일을 수행했는데, 그 일에 대해 칭찬이나 물질적 보상과 같은 대가가 주어진다면 자신이 좋아서 한 일이 마치 칭찬이나 보상을 받기 위한 일처럼 여겨져서 오히려 사기를 떨어뜨릴 수 있습니다.

아이가 어떤 일을 잘 해냈을 때 그 결과에 대해 칭찬을 해주는 것은 중요합니다. 그러나 더 중요한 것은 아이가 노력을 기울인 과정에 대해 더 적극적으로 칭찬해줘야 한다는 것입니다. 아이가 어떤 일을 시도했을 때 비록 결과가 좋지 않더라도 그 과정에 기울였던 노력과 수고에 대해 칭찬해주고, 지금은 실패했지만 나중에는 분명 잘 할 수 있을 것이라는 격려가 아이에게 더 지속적인 보상으로 작용할 것입니다.

아이에게 보상과 처벌을 할 때 또 한 가지 유의해야 할 점이 있습니다. 바로 '즉각적'으로 이루어져야 한다는 것입니다. 보상을 할 때는 아이의 행동 직후에 바로 해주는 것이 가장 효과적이며 처벌 역시 마찬가지입니다. 보상이나 처벌 모두 즉각적이지 않을 때는, 지연 시간이 길어질수록 그 효과가 감소됩니다.

많은 아동심리학자들이 아이의 잘못된 행동을 바로잡기 위해서는 위협적인 처벌보다 논리적인 설명이 더 효과적이라고 말합니다. 그러나 현실적으로는 꽤 어려운 일이지요. 아이가 잘못을 했을 때 보호자가 그 이유에 대해 논리적으로 설명을 해주려고 해도, 아이가 그것을 이해하고 앞으로는 그렇게 하지 않아야겠다고 스스로 결심하기까지는 많은 어려움이 있으니까요. 그러나 언제나 시도와 노력이 중요합니다. 이때 논리적 설명은 최대한 아이 눈높이에 맞춰서 해줘야 합니다. 이것은 처벌을 할 때뿐만 아니라 평소에 아이를 훈육할 때 보호자가 반드시 염두에 두어야 할 사항입니다.

좋은 행동을
습관화하는 방법

조건형성 학습

            '세 살 버릇 여든 간다.' 이 속담
을 모르는 사람은 없을 겁니다. 어린 시절 습관이 된 행동은 나
이가 들어서도 쉽게 사라지지 않고 오래 간다는 의미죠. 그만큼
어릴 때 좋은 습관을 들이는 일은 매우 중요합니다. 그렇다면 좋
은 습관은 어떻게 만들어지는 것일까요?

        심리학적 의미에서 좋은 습관을 들인다는 것은 '조건형성'
에 의한 '학습기제'로 설명이 가능합니다. 어렵게 느껴질 수 있지만 이해하면 쉬울 거예요. 조건형성이란, 학습 과정의 가장 기본적인 절차입니다. 우리가 파블로프(I. Pavlov)의 실험이라고 알고 있는 것이 바로 조건 반응을 보여주는 한 예입니다. 파블로프는 러시아의 생리학자로서 생리학적 소화 과정을 연구하기 위해 개를 대상으로 실험을 하던 중 이러한 조건형성 현상을 발견하게 되었습니다. 후각이 발달한 개는 먹이가 나오는 과정에서 이미 냄새만으로 먹을 것이 나온다는 것을 알아채고 식욕이 발동하여 침을 흘리게 됩니다. 파블로프는 개에게 먹이를 줄 때마다 종을 울려 먹이가 곧 나올 것임을 예고한 후 먹이를 주는 과정을 지속적으로 반복했습니다. 그러자 종소리만 들려주고 먹이를 주지 않을 때에도 개가 침을 흘리는 반응을 보였습니다. 즉 먹이와 종소리의 관계가 학습된 것입니다. 이때 먹이가 없는데도 침을 흘리는 반응은 더 이상 먹이에 대한 반사 반응이 아닌 '학습된' 반응이라고 할 수 있습니다.

우리는 일상생활 속에서 이러한 학습을 통한 행동을 많이 경험할 수 있습니다. 어떤 음식을 먹고 심하게 체해서 고생했던 경험을 한 후에는 그 음식을 꺼리게 되는 것도 일종의 조건형성에 의해 학습된 행동입니다. 좋아하는 연예인이 광고하는 제품을 사용해 보지 않고도 호감을 갖게 되는 것 또한 광고모델이 주는 긍정적 이미지와 제품에 대한 이미지가 연합된 결과일 수 있습니다. 이처럼 우리는 일상 속에서 다양한 조건형성에 의한 학습을 경험하게 됩니다.

그렇다면 아이에게 좋은 습관을 오래도록 유지하게 하는 학습 방법으로는 어떤 것이 있을까요? 우선 아이의 단순한 행동이 좋은 결과와 연합될 수 있도록 연결 장치를 마련해야 합니다. 여기서 연결 장치는 아이에게 긍정적이고 유쾌한 자극을 주는 것일수록 좋습니다. 우리가 쉽게 생각할 수 있는 대표적인 예는 아이가 좋아하는 음식이나 장난감과 같은, 아이에게 매우 강력한 동기부여를 주는 것들입니다. 흔히 우리는 아이에게 어떤 행동을 하고 나면 좋아하는 간식이나 장난감 같은 것을 사주겠다고 약속합니다. 그리고 이러한 절차가 그 행동을 할 때마다 이어진다면, 다음에는 보상이 없어도 그 행동을 할 것입니다. 그렇지만 만약 더 이상 보상이 주어지지 않는다는 것을 알고 나면 그 행동은 차츰차츰 사라지게 되겠지요. 그런 점에서 보상을 통해 행동을 습관화하는 것은 분명 한계가 있을 수 있습니다. 그러나 한번 학습된 행동은 잠시 사라지게 되더라도 시간이 지나면 자동적으로 다시 나타나는 특성이 있습니다. 이것을 심리학에서는 '자발적 회복'이라고 합니다. 바로 이러한 특징 때문에 '세 살 버릇이 여든까지 간다'는 속담이 성립될 수 있는 것이지요.

어떤 행동을 습관으로 만들기 위해서는 몇 가지 중요한 사항을 염두에 두어야 합니다. 그중 한 가지는 보상이 주어지는 시간입니다. 아이가 어떤 행동을 했을 때, 바로 보상하기도 하지만 때로는 나중에 주겠다고 약속하기도 합니다. 또 어떤 경우는 아이에게 미리 보상을 해주면서 나중의 행동을 약속받기도 합니다. 그럼 이 중 어떤 방법이 가장 좋을까요?

좋은 행동을 오래도록 지속시키기에 가장 유리한 방법은, 행동을 한 후에 즉각적으로 보상해주는 것입니다. 다소 덜 하긴 하지만 행동과 동시에 보상해주는 것도 효과는 있습니다. 또는 행동을 하고 나서 조금 시간이 흐른 후에 보상해주는 것도 습관을 들이게 하는 방법으로는 어느 정도 효과가 있습니다. 보상을 먼저 해주고 행동을 약속받는 것이 가장 효과가 없으니 이 방법은 피하는 것이 좋습니다.

또 다른 주의점은 보상의 정도입니다. 보상의 핵심은 그것이 아이에게 얼마나 매력적인가에 있습니다. 때로는 아이에게 강력한 동기를 주려는 생각에 다소 과한 보상을 해주기도 하지만, 지나치게 큰 보상은 오히려 효과가 없습니다. 우리 아이에게 적당한 보상이란 무엇일지, 부모가 신중히 결정해야 합니다. 왜냐하면 보상을 할 때는 그 정도와 시기도 중요하지만, 무엇보다 일관성 있게 주어져야 하기 때문입니다. 그러니 아이에게는 물론 부모에게도 부담 없는 적절한 보상에 대한 고민이 필요합니다.

지금까지 언급했던 내용을 통해 좋은 습관을 어떻게 학습하도록 하는지를 요약해 보면 복잡한 듯하면서도 아주 간단합니다. 원하는 행동이 바람직한 습관이 되도록 그 행동에 대해 긍정적인 동기부여가 되는 보상을 제공하되, 적당한 정도의 것을 행동 직후에 주는 것이 중요하다는 것, 이때 보상을 먼저 하고 나중에 행동하도록 하는 것은 효과가 없다는 것입니다. 무엇보다 그 행동이 일회성에 그치지 않고 습관이 되도록 하려면, 지속적이고 일관성 있는 보상이 중요하다는 것도 기억해주세요.

알아서 척척
잘하는 아이

통찰학습

부모가 크게 신경 쓰지 않아도
아이가 척척 자기가 해야 할 일을 한다면 얼마나 기특할까요?
'하나를 가르치면 열을 안다'는 속담처럼, 부모가 조금만 가르쳐
주어도 이후의 행동까지 알아서 한다면 얼마나 좋을까요? 이 속
담은 얼핏 보면 특별히 똑똑한 아이에 대한 내용인 것 같지만,
사실은 우리 모두에게서 볼 수 있는 능력에 대해 말하고 있습니
다. 바로 통찰력입니다. 심리학적 용어로는 '통찰학습'이라고 해

요. 때때로 아이가 부모의 지시나 가르침 없이 알아서 행동하는 것을 분명 본 적이 있을 거예요.

통찰학습을 설명하기 위해 행동주의 심리학자인 볼프강 쾰러(Wolfgang Köhler)의 침팬지 실험을 예로 들어 보겠습니다. 쾰러는 손이 닿지 않는 높은 곳에 바나나를 매달아놓고 침팬지가 어떻게 바나나를 먹는지 관찰했습니다. 이전까지는 늘 쉽게 바나나를 얻을 수 있었던 침팬지들에게 이 과제는 새롭고 도전적인 일이었습니다. 처음에 침팬지들은 높이 뛰어오르며 바나나를 따려고 시도했습니다. 그러나 몇 번의 실패를 통해 그렇게는 먹을 수 없다는 것을 깨닫고는 잠시 지켜보기만 했습니다. 그러다가 주변에 놓인 나무상자를 이용해 그 위로 올라가 마침내 바나나를 따는 데 성공했습니다. 또 주변에 놓인 긴 나무 막대기를 이용해 바나나를 따기도 했습니다. 심지어는 옆에서 관찰하고 있던 쾰러의 손을 끌고 바나나 아래까지 오게 한 뒤에 쾰러의 등을 타고 올라가 바나나를 따서 먹는 침팬지도 있었습니다. 이 실험은 흔히 '아하! 학습'이라고 불리는 통찰학습을 보여주는 예로 유명합니다. 이전에는 한 번도 경험하지 못했던 도전적 과제를 접했을 때, 상황을 총체적으로 파악하고는 어느 순간 '아하!' 하는 통찰이 생기면서 문제를 해결할 수 있게 된다는 것을 이 실험을 통해 알게 되었으며, 이후 이러한 형태의 학습을 통찰학습이라 명명하였습니다.

그렇다면 과연 통찰(insight)이란 무엇일까요? 통찰의 국어 사전적 의미는 '예리한 관찰력으로 사물을 꿰뚫어보는 것'입니다. 이를 심리학적으로 좀 더 풀어서 해석하면 '새로운 상황이나 과제에 직면했을 때, 과거의 경험에 의존하지 않고 주제와 관련시켜 전체 상황을 다시 파악함으로써 문제를 해결하는 것'을 의미합니다. 따라서 통찰학습이 이루어진다는 것은, 우리가 어떤 결과를 얻기 위해 굳이 힘들고 느리게 시행착오를 거치지 않고 알 수 있는 것도 있다는 것을 의미합니다. '실패는 성공의 어머니'라는 격언도 물론 우리에게 교훈을 줍니다. 힘들게 노력한 결과 실패와 좌절을 경험하더라도, 그 과정에서의 경험이 우리가 다음 시도에서 같은 실수와 실패를 반복하지 않고 성공할 수 있도록 이끌어줄 것이라는 의미를 담고 있습니다. 그러나 세상에는 직접 경험하지 않고도 알 수 있는 통찰력도 분명히 존재합니다. 앞서 쾰러의 실험에서 침팬지가 통찰을 통해 원하는 바(바나나 먹기)를 이루어냈으니, 새로운 도전에 직면한 우리 아이는 분명 문제를 더 잘 해결할 수 있겠지요. 여기서 중요한 것은 과연 우리 아이가 통찰력을 가질 수 있을까? 어떻게 하면 통찰력을 기를 수 있을까? 하는 것입니다. 통찰이란 통합적이고 총체적인 인지 능력에 해당합니다. 다시 말해 통찰은, 신체적 발달이 충분히 이루어지면서 이와 함께 인지적 발달이 이루어지고 그에 더해 사회적, 정서적인 발달이 함께 이루어질 때 이 모든 것의 총제적 결과로 생겨난다는 것입니다.

통찰력은 훈련에 의해 만들어질 수 있는 것은 아닙니다. 실제 통찰 연구에서 통찰력은 나이가 들어갈수록 더욱 깊어지는 것으로 나타나고 있습니다. 사람은 누구나 늙어가면서 신체적으로, 인지적으로 쇠퇴를 경험하는 것이 일반적입니다. 그러나 통찰력만큼은 나이가 들수록 더욱 풍부해진다는 것이 많은 연구를 통해 입증되었습니다. 그러니 우리 아이들의 통찰력 또한 3세, 4세, 5세로 성장하는 동안 점점 더 향상될 수 있습니다. 3세보다 4세가, 4세보다 5세가 인생 경험이 더 많을 것이며 이에 더해서 신체적, 사회적, 인지적으로 점진적 발달이 이루어지기 때문입니다. 그렇다고 해서 생물학적 시간표에 의해 저절로, 자동적으로 생겨나는 것만은 아닙니다. 통찰력이 생기기 위해서는 자연발생적인 생물학적 토대와 더불어 풍부한 환경적 영향력이 더해져야 합니다. 그러니 아이의 통찰력이 성장할 때를 기다려주면서 한편으로는 폭발력이 나타날 수 있도록 심리적 지지를 보내며 부모로서 해줄 수 있는 환경을 조성해 주어야 합니다. 이때의 환경이란, 아이에게 강도 높은 학습을 시킨다거나 물질적인 풍요로움을 제공하는 것을 말하지 않습니다. 부모가 지금 우리 아이에게 필요한 것이 무엇인지 끊임없이 관찰하고 고민하는 것이나, 아이가 성취한 결과에만 집중하기보다는 그 결과를 얻기 위해 노력하는 과정을 칭찬해주고 지지해주는 가정환경을 만들어주는 것이 중요합니다.

아이를 믿어주고 때때로 '나는 너를 믿어~'라고 표현해주세요. 어느 날 통찰력을 발휘하며 알아서 문제를 해결하는 기특한 아이로 성장하고 있음을 실감할 수 있을 것입니다.

타의 모범이 되는
아이로 키우려면?

관찰학습

아이가 상장을 받아오는 장면을 상상해봅시다. 우리가 알고 있는 상장의 내용 중 가장 흔히 인용되는 구절은 아마도 '위 학생은 타의 모범이 되므로 이에 표창함'이라는 표현일 겁니다. 내 아이가 타의 모범이 된다는 것은 상상하는 것만으로도 너무나 흐뭇한 일일 텐데요. 그렇다면 타의 모범이 되는 아이로 키우려면 어떻게 해야 할까요?

'아이가 보는 앞에서는 찬물도 못 마신다'라는 속담이 있습니다. 이 속담이 모범적인 아이로 키우는 것과 어떤 연관이 있을까요? 어른이 무심코 찬물을 벌컥벌컥 마시는 행동 하나도 아이들은 보고 따라 하기 때문에 조심해야 한다는 의미를 담고 있으니, 어른의 모범적인 행동의 중요성에 대해 말하고 있는 것이겠지요. 타의 모범이 되는 아이로 키우는 비결이 여기 있습니다. 바로 보호자가 먼저 말과 행동에 있어 아이에게 모범을 보이는 것입니다. 심리학적 이론을 대입해 보면, '관찰학습' 또는 '사회학습'이라는 원리로 설명할 수 있습니다.

미국의 심리학자인 알버트 반두라(Albert Bandura)는 심리학사에 중요한 의미를 시사하는 한 가지 실험을 했습니다. 아이들에게 어느 영상물을 보여줍니다. 영상에는 자신의 또래로 보이는 아이가 어느 방 안에 들어가서 보보인형(Bobo doll: 공기를 주입하여 부풀린 인형으로, 오뚜기처럼 쓰러지면 바로 서는 인형)을 발로 차거나 주먹으로 때리는 등 공격적인 행동을 하는 장면이 담겨 있습니다. 곧이어 어른이 안으로 들어와 아이의 행동에 대해 야단을 칩니다. 한편, 실험 참가 아동 중 절반의 아동들에게는 같은 상황에서 아이가 보인 공격적 행동에 대해 어른들이 오히려 칭찬을 하거나 긍정적 반응을 보이는 영상을 보여줍니다. 그리고 아이들은 조금 전 영상에서 보았던 것과 똑같이 생긴 방으로 안내됩니다. 방은 보보인형과 기타 소품 등 영상에서 보았던 것과 똑같은 것들로 꾸며져 있습니다. 이 방으로 안내된 아이들은 자연스럽게 영상 속 아이와 똑같은 행동을 합니다. 그런데 이 때 흥미로운 점이 있습니다. 공격적인 행동을 한 아이가 어른에게 야단맞는 장면을 시청했던 아이들은, 방에 들어와서는 다소 머뭇거리며 영상물에서 보았던 아이의 행동을 따라 하기를 망설이거나 꺼리는 반면, 똑같은 공격적 행동에 대해 칭찬받는 영상을 본 아이들은 거리낌 없이 인형을 때리는 등 공격적인 행동을 하는 것이었습니다.

반두라의 이 실험은 심리학적 측면에서, 그리고 3~7세 아동의 양육 측면에서 시사하는 바가 매우 많습니다. 이 실험 이전의 학습에 대한 심리학계의 입장은, 아이에게 행동에 대한 보상을 하는 것이 즉각적이고 지속적인 학습 효과를 가져온다는 것이었습니다. 그러나 이 실험 이후 보상이 없어도 충분히 학습이 이루어질 수 있다는 것이 입증되었으며, 이는 아이 양육에 있어 매우 중요한 발견이라 할 수 있습니다. 아이의 행동 교정을 위해 반드시 보상이 필요한 것은 아니라는 걸 의미하니까요.

물론 아이가 올바른 행동을 했을 때 칭찬과 격려는 꼭 필요한 보상입니다. 그러나 그것만이 학습의 핵심은 아니며, 말없이 바람직한 행동을 통해 아이에게 모범을 보여주는 것도 큰 학습 효과를 가져온다는 것이 바로 반두라 실험의 핵심입니다. 반두라의 이 실험은 관찰학습의 중요성뿐만 아니라 아동의 사회성 발달과 인지 발달의 측면에서도 중요한 시사점이 있습니다. 아이가 자신이 본 것을 그대로 따라하는 경우에도 때와 장소를 가린다는 것입니다. 어떤 것이 칭찬받을 행동인지 혹은 야단맞을 행동인지 관찰을 통해 잘 기억해두었다가 상황에 맞게 적절하게 행동하더라는 것입니다. 이는 아이가 학습 내용을 잘 기억한다는 것은 물론, 이미 사회적 상황에 대한 이해와 판단 또한 이루어지고 있다는 것을 의미합니다.

아동발달 과정에서 3~7세는 인지적, 사회적 측면에서 모두 그 폭과 깊이가 더욱 확장되고 단단해지는 시기입니다. 때문에 관찰학습을 통해 아이가 사회성 발달에 유익한 행동을 습관화할 수 있도록 도와주는 것이 중요합니다. 이후의 발달에까지 영향을 미칠 수 있기 때문입니다. 그러니 타의 모범이 되는 아이로 키우기 위해서는 무엇보다 보호자가 많은 노력을 해야 합니다. 인사를 잘하는 인사성 밝은 아이로 키우고 싶다면 사람들에게 인사하라고 강제하기에 앞서, 보호자가 먼저 다른 사람들에게 인사하고 친근감 있게 행동하는 모습을 보여주어야 합니다. 행동으로 모범을 보이는 것이 아이에게는 그 어떤 조언보다 가치 있는 학습이 된다는 것을 기억해주세요.

부모만 아이에게 모범의 대상이 되는 것은 아닙니다. 형제자매가 있는 경우 형이나 누나, 언니, 오빠 역시 아이에게 모범을 보여주어야 하는 관찰 대상이 됩니다. 반두라는 바로 이 같은 존재를 '모델(Model)'이라고 정의합니다. 우리가 닮고 싶은 사람을 말할 때 '롤모델(Role model)'이라고 하는데 이때의 모델이 바로 위의 모델과 같은 의미입니다.

부모는 아이가 가장 먼저 접하는 롤모델이라고 할 수 있습니다. 그만큼 어려운 역할이기도 하지요. 그렇다고 모든 행동에 있어 이것이 바람직할지 아닐지를 일일이 신경 쓸 수는 없는 일입니다. 아이를 좋은 사람이 되게 하려면 보호자가 먼저 좋은 사람이 되어야 한다는 기본 원리를 생각하며 실천하고자 노력하는 것만으로도 이미 아이에게 모범을 보이고 있는 것입니다. 오늘부터라도 아이에게 빨리 숙제를 하라고 다그치기 전에 보호자가 먼저 책을 읽거나 공부하는 모습을 보여주는 것은 어떨까요? 관찰학습의 원리를 통해 알아봤듯이 좋은 조언보다 중요한 것은 실천입니다. 그동안 아이에게는 공부를 시키고 어른은 TV 시청을 하는 일상을 보냈다면, 오늘부터는 공부나 숙제를 하는 아이 옆에서 함께 책을 펼쳐보는 건 어떨까요?

화가 나면 문을
발로 차는 아이

방어기제

엄마가 아이를 혼내고 있어요.
아이는 엄마에게 혼나는 것도 싫지만 그 와중에 하고 싶은 말을
어떻게 표현해야 할지 몰라서 더 답답한 상황입니다. 아이는 엄
마에게 논리적으로 맞설 만큼 말을 잘할 수 없을 테니까요··· 결
국 야단맞은 후 돌아선 아이는 아까부터 뭔가 억울했던 마음을
주체할 수 없어 방문을 쾅 소리가 날 만큼 세게 닫아버렸습니다.
그러자 엄마가 다시 와서 야단을 칩니다. 혼날 만한 행동을 해서

혼이 난 것인데 문에다 화풀이를 하는 아이의 행동이 잘못됐다고 생각한 것이죠. 이후 상황이 더 악화되리라는 것은 쉽게 예상할 수 있을 겁니다.

이때 아이가 문을 쾅 닫은 행동은 엄마에게 다시금 혼나야 하는 일일까요? 아이가 과격한 행동을 할 때는 훈육을 통해 좀 더 바람직한 방향으로 지도해야 하는 것은 맞습니다. 그렇지만 위의 사례에서 나타난 아이의 과격한 행동은 잠시 눈 감아주는 것이 더 나을 수도 있습니다. 왜 즉시 바로잡지 않고 일단 넘어가 주는 것이 좋은 것일까요?

'종로에서 뺨 맞고 한강에서 눈 흘긴다'라는 속담이 있습니다. 이는 자신을 화나게 한 대상이 아닌 엉뚱한 곳에 화풀이를 한다는 의미입니다. 혼이 나거나 다툼이 있은 후 방문을 쾅 닫는 것은 사실 어른인 우리도 흔히 하는 행동입니다. 이는 심리학적 용어로 '치환' 또는 '대치'라고 하는 일종의 '방어기제'라고 생각할 수 있습니다. '방어기제'는 정신분석학자인 지그문트 프로이트(S. Freud)와 그의 딸 안나 프로이트(A. Freud)에 의해 확립된 개념으로, 자아가 위협을 받으면 무의식적으로 불안을 느끼게 되는데 이때 스스로를 방어하기 위해 본능적으로 하는 행동을 말합니다. 대개 방어기제는 무의식적으로 이루어지기에 우리도 모르는 새 하게 된다는 특징이 있습니다. 아이가 화가 나서 문을 쾅 닫는 것이나, 발로 문을 세게 차는 것 역시 화를 삭이기 위해 순간적으로 튀어나온 본능적인 방어 행동이라고 할 수 있습니다.

위와 같은 상황에서 동생이 있는 아이라면 화풀이를 동생에게 할 수도 있습니다. 마찬가지로 반려동물이 있는 집이라면 반려동물이 화풀이의 대상도 될 수도 있겠지요. 또는 자신이 평소에 가지고 놀던 장난감을 집어던지는 행동을 하기도 하고요. 이런 다양한 행동의 핵심은 위의 속담처럼 자신을 화나게 한 근원지에 직접적으로 화를 낼 수 없기에 그 대상보다는 위험요소가 적은 대상, 소위 우리가 '만만하다'고 말하는 대상에게 본능적으로 자신의 화를 풀어내게 된다는 데 있습니다. 나를 화나게 한 대상이 아닌 다른 것으로 화풀이 대상이 대체된다는 의미에서 이러한 방어기제를 '대치' 또는 '치환'이라고 말합니다.

이 외에도 다양한 형태의 방어기제가 존재합니다. 어린 시절 읽었던 이솝우화의 일화 중에 〈여우와 신 포도〉라는 이야기가 있습니다. 여우는 포도밭을 지나다가 탐스럽게 열려 있는 포도를 보고 따 먹으려고 하지만 너무 높이 매달려 있어서 아무리 시도를 해도 먹을 수가 없게 되자 결국 돌아서며 말합니다. '저 포도는 분명 덜 익어서 시큼하고 맛이 없을 거야…' 이때 여우의 행동은 '합리화'라는 방어기제에 해당합니다. 우리가 일상에서 흔히 하는 방어 행동이지요. 논리적인 사고가 아니지만 논리적인 것처럼 보이는 그럴싸한 이유를 통해 상황을 합리화하여 자신의 좌절감이나 불안을 해소하고 스스로를 안심시키는 것입니다. 물론 이러한 행동 역시 매우 무의식적이며 자동적으로 이루어지기 때문에 아주 순식간에 일어납니다. 앞의 사례에서처럼 엄마에게 혼나는 일이 아니더라도, 아이가 자아를 위협받고 불안을 느낄 수 있는 상황은 자주 발생합니다. 어떻게 저런 말을 생각해낼 수 있을까 싶을 만큼 아이가 그럴듯한 핑계를 대는 행동은 바로 이런 합리화 기제의 발현일 수도 있다는 것을 이해하고 나면, 아이가 엉뚱하고 약삭빠르다고 여겨지기보다는 '아, 뭔가 불안을 느낄 만한 상황이 있었구나…' 하고 이해해줄 수 있을 것입니다.

맏이로 자란 아이가 갓 태어난 동생에게 사람들의 시선과 사랑이 집중되는 것을 보고 질투를 느껴 자신도 갓난아이처럼 행동하는 것을 경험한 적이 있거나 들어본 적이 있을 겁니다. 이처럼 아이가 자신의 과거로 돌아간 듯한 행동을 하는 것 역시 방어기제의 한 예입니다. 이러한 행동은 '퇴행'이라는 방어기제로써, 자신의 존재가 더 이상 사람들에게 사랑받지 못하는 것 같은 불안감을 해소하기 위한 행동이라고 할 수 있습니다. 방어기제는 치환이나 합리화, 퇴행 외에도 매우 다양한 유형이 존재합니다. 그리고 이러한 방어적 행동은 어른인 우리도 일상 속에서 매우 자주 하고 있습니다. 그러니 아이들이 오롯이 자신을 지키기 위해서 방어 행동을 하는 것은 너무나 당연한 일입니다.

앞서 소개했던 사례로 다시 돌아가 아이의 행동을 떠올려볼까요? 아이가 화가 난다고 매번 문을 쾅 닫는다거나 발로 차거나 하는 과격한 행동을 한다면 이는 분명히 훈육을 통해 지도해야 하는 것이 맞습니다. 하지만 먼저 부모로서 우리의 행동을 곰곰이 생각해 보면, 아이의 바람직하지 않은 행동을 차근차근 설명하면서 바로잡으려 하기보다는 감정적으로 대하는 경우가 더 많습니다. 처음에는 아이의 그런 행동이 잘못된 것임을 어떤 식으로든 알려주고 바로잡으려는 시도를 하겠지요. 그런데 아이가 그 말에 귀 기울이지 않거나 부모에게 맞서려고 하는 상황이 벌어지게 되면 결국 아이에게 화를 내고 야단을 치는 상황으로 이어지는 경우가 더 많을 것입니다. 어떤 경우에는 엄마가 이미 다른 이유로 화가 나거나 짜증이 난 상태에서 아이가 어떤 잘못을 하면 바로 쏘아붙이며 불 같이 화를 낸 적도 있을 거예요. 그러니 아이도 화가 나면 그 화를 풀어내야 할 필요가 있고, 그러기 위해서 그런 과격한 행동을 할 수도 있는 것입니다. 앞서 소개한 사례에서와 같은 상황이라면, 아이가 문을 찬 행동에 대해 즉각적으로 다시 야단을 치는 것은 아이를 막다른 곳으로 몰아붙이는 것과 같습니다. 그럴 때는 아이의 행동을 잠시 눈 감아주고 나중에 다른 상황에서 또다시 과격한 행동을 보일 때, 그 행동을 바로잡을 수 있도록 훈육하는 것이 더 바람직할 것입니다.

나쁜 습관
없애기

조형

아이가 유치원에서 집으로 돌아온 후에 손을 깨끗이 씻고, 스스로 옷을 갈아입고, 벗어놓은 옷은 잘 접어 정돈하고, 장난감을 가지고 놀고 나서 어질러진 장난감을 바구니에 집어넣습니다. 또 잠자리에 들 때는 스스로 잠옷으로 갈아입고, 아침에 일어나면 이부자리를 정돈하는 것으로 하루를 시작합니다. 일일이 쫓아다니며 손 씻자, 옷 갈아입자, 방 정리하자 말하지 않아도 알아서 척척 하는 아이… 과연 있을까요? 아마도 아이가 있는 집의 실제 풍경은 이와는 전혀 다르겠지요. 그럼 어떻게 해야 아이에게 좋은 습관을 가르칠 수 있을까요?

단순한 행동은 앞서 좋은 습관을 들이는 방법에서 살펴본 것처럼 조건형성을 통해 학습하도록 할 수 있습니다. 그런데 모든 생활 습관을 조건형성 기제만으로 학습시키기에는 분명히 한계가 있습니다. 조건형성의 보다 고차원적인 방법으로는 '조형(Shaping)' 또는 '조성'이라 불리는 학습기제가 있는데, 이는 조건형성 기제를 매우 정교하게 쌓아나가는 방법이라 할 수 있습니다. 동물원에서 물개쇼를 하는 물개들이 바로 이 '조형'을 통해 학습합니다. 물개가 최종 목표의 높이까지 한 번에 뛰어오르도록 학습시키기보다는, 처음에는 30cm 뛰어오르는 것에 대해 보상해주고 이 과정이 충분히 학습되면 그다음에 50cm 뛰어오르는 것에 대해 보상해줍니다. 이후 같은 원리로 조금씩 목표를 높여가면서 최종 목표 지점까지 뛰어오를 수 있도록 학습시키는 것입니다. 즉 목표 행동이 습득될 때까지 단계마다 차례대로 보상해주면서 행동을 강화한 결과로 생겨나는 학습이 조형입니다. 우리는 이 원리를 아이들의 생활 습관을 가르치는 데 적용해볼 수 있습니다.

아이가 집에 들어오자마자 신발을 벗어 똑바로 놓고 가방을 내려놓은 후 바로 손을 씻고, 옷을 갈아입으면서 벗어놓은 옷을 가지런히 놓아두고, 장난감을 가지고 놀고 나면 다시 정리함에 넣고, 아침에 일어나면 이부자리를 잘 펴서 정리하는 습관을 갖게 하려면, 지금까지 열거한 행동 하나하나를 보상을 통해 학습시켜야 하는 동시에, 이 행동들이 아이의 일상에서 습관이 되도록 정교하고 체계적인 강화 계획을 세워야 합니다.

좋은 습관을 갖게 하는 것은 달리 말하면 나쁜 습관을 없애는 일이기도 합니다. 좋은 습관을 새로 익히는 것보다 더 어려운 것이 나쁜 습관을 없애는 일입니다. 그럼 나쁜 습관은 어떻게 없앨 수 있을까요? 이에 대한 답도 학습기제로 설명할 수 있습니다. 심리학 실험 중에 '어린 앨버트의 흰 토끼 공포 실험'이라는 것이 있습니다. 어린 앨버트는 9개월된 건강한 남자아이였는데, 아이에게 흰 털을 가진 토끼를 보여주자 호기심을 보이며 매우 좋아했습니다. 그런데 아이가 토끼에게 다가갈 때마다 망치로 금속막대를 내리쳐서 큰 소음을 내자, 아이는 반사적으로 놀라는 공포 반응을 보였고 이후 토끼와 망치 소리의 연합 과정을 되풀이한 결과, 어느 새 아이는 흰 털을 가진 토끼를 무서워하게 되었습니다. 이후 그 공포는 흰색 털을 가진 다른 동물에게로 확대되었으며 심지어 흰 털로 만들어진 방석 등의 다른 사물로까지 확대되었습니다.

이 실험은 공포나 불안과 같은 정서 반응 역시 학습의 결과로 이루어질 수 있음을 보여주는 실험으로 가치가 있었지만, 어린아이를 거칠게 다룬 것에 대해 논쟁이 벌어지기도 했습니다. 여기서 중요한 것은 이런 부정적 정서 반응이 학습의 결과로 얻어진 경우, 그에 대한 치유 역시 학습을 통해 가능하다는 사실입니다. 한 가지 방법은 '역조건 형성(Counter-Conditioning)'이라는 것으로, 앨버트에게 토끼와 망치 소리를 연합시켰던 과정과 동일하게, 토끼와 아이스크림처럼 아이에게 긍정적인 보상을 연합하여 다시 학습시키는 과정을 통해 아이가 더 이상 토끼에게 공포를 갖지 않고 즐거운 감정을 느끼도록 해주는 것입니다. 또 다른 방법으로는 '체계적 둔감법(Systematic Desensitization)'이라는 것이 있습니다. 앨버트가 흰 털 토끼에 대한 공포 반응을 보일 때, 처음 토끼를 만났을 때처럼 조금씩 천천히 다가갈 수 있도록 도와주는 방법입니다. 이는 조형과 유사한 방법으로, 처음에는 토끼가 나타났을 때 아이가 도망가지 않는 것만으로도 보상을 해주고, 그다음 단계에서는 토끼를 향해 10cm 다가갔을 때 보상을 해주며, 그 과정이 충분히 학습되면 20cm 다가간 것에 대해 보상해주면서 차츰차츰 토끼에 대한 두려움이 무뎌질 수 있도록 단계적으로 공포 반응을 없애는 학습 방법입니다.

아이가 하원 후 집에 돌아와서도 옷을 갈아입지 않으려 한다면 일단 양말을 벗는 것만으로도 칭찬을 하거나 보상을 해주고, 차츰차츰 행동을 늘려 옷을 다 갈아입을 수 있을 때까지 지속적이고 체계적인 학습 계획을 세워볼 수 있겠지요. 옷을 벗고 입는 것이 능숙해지고 나면 그다음으로 벗은 옷을 정리하는 것까지 이어지도록 학습 과정을 좀 더 확대해 볼 수도 있을 것입니다.

아이의 행동을 교정하기 위한 가장 간단한 방법은, 그 행동을 하지 못하도록 제지하거나 처벌하는 것이 아닙니다. 처벌은 일시적이며 어떤 경우에도 지속적일 수 없기 때문입니다. 아이의 나쁜 행동을 계속해서 지적하고 혼내다 보면 '언젠가 고쳐지겠지'라는 생각은 착각입니다. 그런 경우 아이들은 행동을 고쳐야겠다고 느끼는 것보다 부모에게 잔소리를 들었다는 정도로 단순하게 넘기는 경우가 대부분입니다. 아이의 나쁜 습관을 고치는 것도 좋은 습관을 들이는 것도, 결국은 모두 부모의 노력과 인내가 필요한 일입니다.

조기교육
꼭 해야 할까요?

학습과
결정적
시기

〈늑대소년〉이라는 우리나라 영화가 있습니다. 야생에서 늑대 무리와 함께 자란 소년이 인간이 사는 세상으로 오게 되면서 차츰 적응하고 사람으로서의 감정과 사회성을 습득해나가는 과정을 그리고 있습니다. 주인공인 늑대소년은 말 그대로 늑대와 같은 야생성을 가진 소년이었기에 사람처럼 말할 수 없었고, 늑대처럼 네 발로 기어다니며 감정 표현을 할 때 으르렁거리면서 늑대 울음소리를 냅니다. 그런데 허구의 이야기 같은 이런 일이 실제로 18세기 프랑스의 한 마을에서 일어났습니다. 늑대소년이 발견된 것입니다. 동물인 줄 알고 포획해서 보니 마치 동물과 같은 모습을 하고 있는 사람이었습니다. 학자들은 12세가량 되는 것으로 추정되는 이 소년에게 빅터(Victor)라는 이름을 지어주고 사람들과 함께 살 수 있도록 다양한 교육을 시켰습니다. 빅터가 사람처럼 언어를 사용하고 사회적으로 적절한 행동을 할 수 있도록 교육을 시킨 것입니다. 그 결과 빅터는 그 나이에 걸맞은 적절한 사회적 행동을 할 수 있게 되었습니다. 하지만 언어에 있어서만큼은 그렇지 않았습니다. 단지 몇 개의 단어만 가르칠 수 있었을 뿐 정상적인 언어 사용을 할 수 없었던 것입니다. 이 사례를 통해 알 수 있는 것은, 언어는 특정 시기를 놓치면 습득이 느리거나 제대로 학습하기가 어렵다는 것입니다.

1970년 미국에서도 비슷한 사례가 있었습니다. 13세까지 사람들과의 접촉이 금지된 채 양육되었던 지니라는 소녀가 발견되었고, 미국 학자들 역시 지니에게 여러 가지 프로그램을 만들어 교육시켰습니다. 지니도 발달의 다른 영역에 대해서는 어느 정도 그 나이의 아이들이 보이는 변화를 경험하였지만 언어에 있어서는 정상적인 습득과 발달이 이루어지지 않았습니다. 역시 언어 발달에는 '결정적 시기(Critical Period)'가 존재한다는 것을 다시 한번 확인할 수 있었습니다.

모든 발달에는 그것이 이루어지는 적절하고 결정적인 때가 있습니다. 빅터와 지니의 사례에서 드러난 것처럼, 사회성이나 다른 영역의 발달은 특정 시기를 놓친 후 뒤늦게 훈련해도 어느 정도까지 발달시킬 수 있지만, 언어는 결정적 시기를 놓치면 이후 습득하기에 한계가 있다는 것이 확인된 것입니다.

결정적 시기는 심지어 수화에 있어서도 적용됩니다. 부모가 모두 정상적인 청력을 가지고 있는 환경에서 청각적 문제를 가지고 태어난 청각장애 아동은, 어린 시절 발달 과정에서 수화에 노출될 기회가 없습니다. 그런 경우 이 아이는 일정 나이가 되어 정규 교육기관에 가거나 어린 시절부터 수화를 배워온 다른 청각장애 아동을 만나게 되고 나서야 처음 수화를 접하게 됩니다. 어린아이 때부터 수화를 배우며 자란 청각장애 아동과, 결정적 시기를 놓치고 나서 수화를 배우게 된 아이의 수화 습득 능력을 비교해 보면 많은 차이가 있습니다.

그렇다면 언어 습득과 학습에 있어서의 결정적 시기는 언제일까요? 빅터와 지니 외에도 세계 곳곳에서 이와 유사한 사례들이 많이 발견되었으며 이를 통해 언어 습득의 결정적 시기는 만 2세 무렵부터 사춘기까지인 것으로 보고되고 있습니다. 특히 언어에 관여하는 측두엽이 발달하는 시기는 만 6세부터 12세까지로, 이 기간 동안 모국어의 학습과 더불어 다른 언어에 대한 구별과 이해의 능력도 급격히 상승하게 됩니다. 이 시기 이후에 언어를 배우기 시작한다면 습득 속도와 학습의 질적 측면에서 결정적 시기 이전에 배운 것보다 훨씬 더 많은 시간과 노력이 들어가야 하는 것으로 나타났습니다.

이 같은 사실을 통해 언어만큼은 조기교육이 중요하다는 주장을 할 수 있습니다. 조기교육이란, 말 그대로 교육 과정상 교육이 이루어져야 하는 나이보다 이른 시기에 행하는 것으로, 대개는 학령기에 도달하기 이전에 일정 교육 과정을 적용하여 실시하는 교육을 의미합니다. 영어 유치원의 인기가 대단한 것도 바로 이 언어 조기교육의 효과를 반증하는 것이겠지요.

조기교육을 통해 2개 국어 이상의 언어를 습득할 수 있다면 분명 유리한 점이 많을 겁니다. 두 개 이상의 언어를 구사하는 사람들의 뇌를 관찰한 결과, 모국어만 구사하는 사람들의 뇌에 비해 활성화되는 양상이 다르게 나타나는 것을 볼 수 있었습니다. 동시에 2개 국어를 구사하는 사람들의 뇌는 두 개의 영역이 활성화되는데, 뇌의 더 많은 영역이 활성화된다는 것은 그만큼 뇌의 활동이 더 많이, 잘 이루어진다는 것을 의미한다는 점에서 단지 언어를 하나 더 학습한다는 의미 이상의 뚜렷한 장점이 될 수 있는 것입니다.

또한 조기교육을 통해 2개 이상의 언어를 사용하는 아이들이 또래의 다른 아이들에 비해 말하기와 듣기 영역에서 모두 우수한 실력을 보인다는 결과가 있습니다. 모국어 외에 다른 언어를 유창하게 사용하는 것은 요즘과 같은 글로벌 시대에 분명히 매우 유리한 경쟁력을 갖추는 일이라고도 할 수 있습니다.

이와 같은 여러 장점에도 불구하고 발달심리학적 측면에서는 언어 조기교육에 대해 몇 가지 문제점을 지적하고 있습니다. 언어를 습득한다는 것은 단지 언어 발달의 영역에만 국한되는 일이 아닙니다. 언어는 사고와 밀접히 연관되어 있고 따라서 인지 발달을 비롯한 다양한 영역의 발달과 맞물리게 됩니다. 아이는 자라면서 각 시기에 알맞은 신체적, 인지적, 정서적, 사회적, 심리적 발달을 거치게 됩니다. 언어 습득 외에도 그 나이의 고유한 발달을 원활히 하기 위해서는 더욱 다양한 활동을 해야 합니다. 그런 점에서 언어에만 치중한 외국어 조기교육은 불균형적인 측면이 있습니다. 언어 습득에 대한 결정적 시기만을 생각한다면 어린 나이에 다양한 언어를 습득할 수 있도록 기회를 주는 것이 분명 좋아 보이지만, 아이가 언어적 소질이 있거나 언어 배우기를 즐거워하는 경우가 아니라면 오히려 이른 시기에 타의에 의해 언어를 배우도록 하는 것이 아이에게 스트레스와 심리적 부담감으로 작용할 수 있다는 것도 알아두어야 할 것입니다. 중요한 것은 조기교육 실행 여부를 결정하는 데 있어 아이의 개성과 본인의 의사 역시 진지하게 고려해주어야 한다는 점입니다. 먼저 아이가 스스로 외국어를 배우고 싶은 내적 동기를 가질 수 있도록 해주는 것이 필요합니다.

부모의 기대가
아이에게 약이 되려면

피그말리온 효과

그리스 신화 속 인물 중 피그말리온이라는 조각가가 있습니다. 피그말리온은 자신이 바라는 이상형의 여인을 조각으로 만들어냈습니다. 완성 후 바라본 조각상은 흠잡을 데 없이 아름답고 훌륭한 여인의 모습이었습니다. 피그말리온은 자신의 조각상에게 갈라테이아라는 이름을 붙여주고 실제 연인처럼 사랑했습니다. 조각상에 옷을 입혀주고 장신구도 걸어주고 꽃을 선물하고 침대에 뉘어 재워주는 등 정성을 다했습니다. 이에 그치지 않고 미의 여신인 아프로디테에게 갈라테이아를 사람이 되게 해달라고 간절히 기도했습니다. 피그말리온의 지극한 사랑에 감동한 아프로디테는 갈라테이아에게 생명을 불어넣어 주었습니다. 그리하여 피그말리온은 사람이 된 갈라테이아와 결혼해서 아이를 낳고 행복하게 살았다고 합니다.

이 신화 속 이야기를 빌어서 우리는 자신이 간절히 바라는 기대와 신념이 행동에 영향을 미치고, 더 나아가 타인의 행동까지 변화시키게 될 때 이를 '피그말리온 효과(Pygmalion Effects)'라고 합니다. 심리학에서 피그말리온 효과는 '자기충족적 예언' 또는 '자성예언'이라고 말합니다. 이 현상은 실제 우리 생활 속에서 많이 나타나고 있습니다. 우리가 어떤 기대를 가지고 그에 따른 결과를 예측하게 되면, 그 예측에 맞는 행동을 하게 되고 결국 정말로 기대에 부합하는 결과를 가져오게 된다는 것이 바로 이 자기충족적 예언입니다. 부모가 아이에게 어떤 기대를 가지고 그런 사람으로 키우고 싶어 하면 마치 그 사람을 대하듯 아이를 대하게 되고, 아이 역시 그런 기대에 부응하고자 노력하게 되면서 결국 정말로 부모가 바라는 그 사람이 될 수 있다는 것입니다. 이렇듯 피그말리온 효과는 대개 긍정적 기대가 긍정적 결과로 이어지는 현상에 대해 명명하는 개념입니다. 그러나 실제로 부모의 기대가 자녀의 성장과 발달에 어떤 영향을 미칠지는 아무도 알 수 없습니다.

　모든 부모는 자신의 자녀가 잘 자라주기를 바라고 그런 바람대로 키워내고자 많은 노력을 합니다. 그리고 그것은 좋은 결과로 이어지기도 하지만 종종 부정적 결과로 이어지기도 합니다. 아직 유아기에 있는 아이들의 행동은 많은 부분에서 서툴고 어색하며 부족한 면이 있습니다. 부모들은 아이가 어린 만큼 부족함을 알기에 실수하거나 잘못된 행동을 하지 않기를 바라는 마음에서 아이가 무언가를 시도하려고 할 때마다 '안 돼!'를 외치게 됩니다. 아이가 실수해서 잘못된 결과로 인해 좌절하는 경험을 갖지 않기를 바라는 부모의 기대가 아이의 행동에 자꾸 제재를 가하게 하는 것이죠. 여러분이 오늘 하루 중 아이에게 '안 돼'라는 말을 몇 번이나 했는지 한번 돌이켜 생각해 보세요. 아마도 생각보다 많이 '안 돼!' 또는 '하지 마'와 같은 통제와 제재의 말을 했다는 것을 알 수 있을 거예요.

　부모는 아이가 아직 어리니 자신이 옆에서 거들어주고 도움을 주면 실수나 실패를 경험하지 않고 쉽게 성공할 수 있을 것이라 생각합니다. 그런데 아이가 이런 경험을 하다 보면, 자신이 하는 행동은 모두 잘못된 것이라 생각하거나, 어려운 일은 혼자서는 절대로 해낼 수 없고 누군가가 도와주어야 하는 것이라고 여기게 될 것입니다. 그렇게 되면 매사에 도전하기보다 쉽게 포기해버리는 부작용이 나타날 수 있습니다.

또한 평소 부모로부터 '안 돼'라는 말을 자주 듣는 아이는, 어떤 시도를 할 때마다 '혹시 못하면 어떻게 하나' 혹은 '잘 안 될 거야' 하며 미리 걱정부터 할 수 있습니다. 피그말리온 효과를 통한 자기충족적 예언 현상을 통해 알 수 있듯이, 아이는 '혼자서는 못할 거야'라고 생각하는 것만으로도 많이 긴장하며 스트레스를 받게 될 것이고, 이러한 심리적인 위축감이 요인이 되어 정말로 실패하게 될 수도 있습니다. 그럼 아이는 '역시 나 혼자는 못해…'라고 생각하며 다음 과제에 도전할 때도 이 같은 악순환을 겪게 되는 것이죠. 우리 아이가 실패를 경험하지 않게 도와주려던 부모의 의도가 결국은 '너 혼자는 할 수 없어'라는 메시지를 전달하는 셈이 된 것입니다.

아이가 어떤 사람이 되기를 바라시나요? 건강하고 건전한 어른으로 자라기를 바라는 것은 모든 양육자들의 공통적인 바람일 것입니다. 건강한 몸과 마음을 가진 아이로 성장하는 데 있어 보호자의 '안 돼'라는 말보다는, 아주 작은 것이라도 '할 수 있어', '될 수 있어'와 같은 긍정의 말들이 아이에게 긍정적 기대를 갖게 할 것이며 결국 긍정적인 결과로 이어질 것입니다. 아이가 무언가를 잘 해냈을 때 서슴없이 '잘했어'라고 칭찬해주는 것은 아마 많은 분들이 이미 잘하고 계시리라 생각합니다. 그렇지만 아이가 실패를 하더라도 그 과정에 대해 격려해주며 그런 실패가 나중에는 성공으로 이어질 것이라는 의미의 '할 수 있어!'를 자주 말해준다면, 아이는 정말로 언젠가 해내고야 말 것입니다. 믿음이 결과를 가져오니까요. 간절히 원하면 이루어집니다.

올바른 칭찬이
아이를 발전시켜요

로젠탈 효과

　　　　　　　　'칭찬은 고래도 춤추게 한다'
는 말을 많이 들어보셨을 거예요. 그만큼 칭찬은 우리에게 정말
큰 힘이 되고 격려가 되며 힘든 일도 얼마든지 해낼 수 있게 하
는 원동력이 된다는 것을 잘 보여주는 문구입니다. 이 같은 칭찬
의 효과를 입증하는 심리학 실험도 아주 많습니다. 그중 가장 유
명한 것은 '로젠탈 효과(Rosenthal Effect)'로 알려진 실험입니다.
미국 하버드대학교의 심리학과 교수였던 로버트 로젠탈(Robert

Rosenthal)은 미국 캘리포니아주의 한 초등학교 재학생을 대상으로 지능검사를 실시했습니다. IQ가 비슷한 학생 중 일부(약 20%)를 무작위로 선발하여 그 명단을 해당 아이들의 선생님에게 넘겨주면서 이 학생들은 지능지수가 높다고 말했습니다. 그리고 8개월 후 이 명단의 학생들과 다른 학생들의 성적을 비교해 보았습니다. 그 결과, 명단의 학생들이 다른 학생들보다 성적이 더 우수하다는 것을 알 수 있었습니다. 그리고 결과는 저학년을 대상으로 했을 때 그 차이가 더 크게 나타났습니다. 과연 이런 결과가 나타난 이유는 무엇일까요? 명단에 있는 학생의 지능이 높다고 믿었던 선생님은 이 학생에게 그만큼 더 우수한 성적을 기대하게 되었습니다. 그러면서 더욱 열심히 지도하고 격려를 아끼지 않았으며, 학생 역시 이러한 선생님의 기대에 부응하기 위해 더 열심히 노력했기 때문입니다. 즉 선생님의 기대와 칭찬이 실제로 학생들의 성적 향상이라는 놀라운 결과로 이어지게 됐다는 것입니다. 이 실험은 칭찬이 얼마나 긍정적인 효과가 있는지를 교육 현장에서 보여준 것으로 유명하며, 로젠탈 효과는 이처럼 칭찬의 긍정적 효과를 일컫는 말이 되었습니다.

칭찬의 긍정적 효과는 우리 모두 이미 잘 알고 있습니다. 우리는 아이들에게 '잘했어'라는 칭찬을 아낌없이 해주려고 노력합니다. 그런데 칭찬을 언제 어떻게 하는 것이 좋은지에 대해서도 한번 잘 생각해봐야 합니다. 칭찬에 관한 한 심리학 실험에서, 실험 참가자인 성인 집단에게 어떤 아이에 관한 글을 읽도록 했습니다. 이때 한 그룹에게는 있는 그대로의 자신의 모습을 좋아하는 아이에 관한 글을 읽도록 했고, 다른 한 그룹에게는 자신의 모습이 마음에 들지 않는다는 아이에 관한 글을 읽게 했습니다. 그런 다음 실험 참가자들에게 만약 이 아이가 그림을 그리고 있다면 어떻게 칭찬을 해줄 것인지 물었습니다. 실험 참가자들의 대부분이 비슷한 답을 했습니다. 먼저 자신의 모습을 좋아하는 자존감이 높은 아이에 관한 글을 읽었던 사람들은, '그림 그리느라 수고했다', '열심히 그렸구나…'처럼, 아이의 노력에 대해 칭찬했습니다. 반면 자기 모습을 싫어하는, 자존감이 낮은 아이에 관한 글을 읽었던 사람들은 아이에게 그림을 잘 그린다거나 재능이 있다는 식의 칭찬을 해주었습니다. 어른들의 이런 반응을 통해 알 수 있는 것은, 우리가 아이들에게 칭찬을 할 때는 대개 아이의 장점을 더 찾아주려 한다는 것입니다.

또 다른 심리학 실험에서는 아이의 어떤 점을 칭찬하느냐에 따라 그 결과가 매우 달라진다는 것을 알 수 있습니다. 미국의 심리학 연구팀이 지능이 비슷한 초등학교 5학년을 대상으로 어떤 과제를 수행하게 한 뒤, 한 집단에게는 똑똑하다며 아이의 능력에 대해 칭찬하였고, 또 다른 집단에게는 열심히 했다며 노력에 대한 칭찬을 해주었습니다. 그런 다음 모든 아이들에게 또 다른 과제에 도전하게 했는데, 이때 비교적 쉬운 과제와 상대적으로 어려운 과제 중에서 어느 쪽에 도전할 것인지 선택하도록 했습니다. 쉬운 과제는 문제를 잘 풀어낼 수 있을 것이니 자신이 똑똑하다는 것을 드러낼 수 있는 반면, 어려운 과제는 문제풀이에 많은 시간과 노력을 기울여야 하지만 성공은 장담할 수 없는 것이었죠. 그런데 똑똑한 아이라는 칭찬을 받았던 아이들은 대부분 쉬운 과제를 선택했고, 열심히 했다는 노력에 대해 칭찬받았던 아이들은 대부분 어려운 과제에 도전하는 결과를 보였습니다. 그리고 이어서 두 집단의 아이들에게 다시 매우 어려운 문제를 풀어야 하는 과제를 주었더니, 노력에 대한 칭찬을 들었던 아이들은 비록 성공하지 못하더라도 끝까지 포기하지 않고 도전하는 끈기를 보였던 반면, 능력(지능)에 대해 칭찬을 받았던 아이들은 쉽게 포기하는 경우가 많다는 것을 알 수 있었습니다. 실험의 마지막 과정에서는 다시 두 집단의 아이들에게 맨 처음 주어졌던 것과 비슷한 난이도의 과제를 주었습니다. 그 결과 노력과 과정에 대한 칭찬을 받았던 아이들은 평균 점수가 30% 이상 상승했던 반면, 자신의 능력인 지능에 관한 칭찬을 받았던 아이들은 오히려 점수가 20% 정도 하락했습니다. 이러한 결과에 대해 연구진은, 능력을 칭찬받았던 아이들이 오히려 점수가 떨어진 것은 그들이 과제에서 자신의 능력을 제대로 발휘하지 못해 멋진 모습을 보여주지 못할까 봐 걱정하는 것이 오히려 스스로를 위축되게 만들고 그로 인해 조금의 실수나 실패에도 무기력해졌기 때문이라고 설명했습니다. 이처럼 아이들을 칭찬할 때는, 어떻게 하느냐에 따라 아이의 자존감이 오히려 더 낮아질 수도 있다는 것을 염두에 두어야 합니다. 아이의 재능을 칭찬하는 것도 좋지만, 아이가 보여주는 노력과 수고스러운 과정에 대해 칭찬해주는 것이 장기적으로 봤을 때 더 지속적으로 자존감을 높여주는 결과를 가져온다는 것을 기억해야겠습니다.

소통하는 뇌가
건강한 사고를 한다

| 인지와 지능 |

아직은 지식보다
경험이 중요해요

아이가 그림책을 보고 있습니다. 아이는 요즘 언어 발달이 왕성히 이루어지고 있어서 그림책을 보면서 많은 어휘를 습득하고 있습니다. 보통 아주 어린아이가 처음 접하는 그림책에는 참새나 앵무새 그림에 동일하게 '새'라는 어휘가 붙어 있을 거예요. 그럼 아이는 새라는 단어를 조류의 한 분류로 받아들이기보다는, 날아다니는 여러 형태의 모든 물체라고 이해하게 됩니다. 그래서 보통 어린아이들은 새 모양의 연을 보고 '새'라고 말하게 되지요. 아이가 말을 배우고 어휘력이 늘어갈 무렵이면 많은 아이가 강아지를 '멍멍이'라고 부르는데, 이때도 극단적인 경우 이렇게 알고 있는 강아지에 대한 개념은 네 발 달린 다른 동물에게까지 확대되어 동물원에 있는 너구리를 가리키며 '멍멍이'라고 할 수도 있습니다. 그럼 부모는 옆에서 저 동물은 멍멍이가 아니라 너구리라고 알려주겠지요. 그런데 이렇게 알려줘도 아이는 한동안 멍멍이와 너구리의 차이를 모를 수 있습니다. 그러다가 어느 날 자연스럽게 강아지와 너구리를 구분하게 되고 더 이상 너구리를 멍멍이라고 부르지 않게 됩니다.

지금까지 살펴본 예들은 만 3세~7세 시기의 발달 단계에 있는 아이들에게서 볼 수 있는 자연스러운 현상입니다. 아이들의 인지 발달은 언어 발달과 밀접한 연관이 있습니다. 그래서 아이들의 어휘력이 폭발적으로 발달할 때는 누가 알려주지 않았는데도 어떻게 저런 말을 구사할 수 있을까? 하는 생각이 들 정도로 많은 단어를 알기도 합니다. 그렇지만 그 과정에서 다소 이상하게 느껴지는 말이나 문장을 구사하기도 합니다. 이는 바로 인지 발달 시기에 있는 아이들이 경험하는 특징 때문입니다. 처음에 일부 조류에 대한 단어를 '새'라고 습득하게 되면 그 어휘를 모든 조류에 적용하게 됩니다. 이러한 현상을 심리학적 용어로는 '동화(Assimilation)'라고 합니다. 동화는 아동 인지 발달의 대가인 장 피아제(Jean Piaget)에 의해 정립된 개념입니다. 피아제는 인지 발달을 설명하는 데 있어 중요한 네 가지 개념을 주장하였는데 그중 한 가지가 동화입니다. 동화를 이해하기 위해서는 피아제 인지 발달 이론의 핵심 개념인 '인지도식' 또는 '스키마(Schema)'를 먼저 이해해야 하는데요. 인지도식이란 '인지적 틀'을 의미하는데, 인지적 틀이란 우리가 세상을 이해하는 '사고의 틀'을 말합니다. 즉 자신의 삶에서 얻는 다양한 지식과 경험 등이 어우러져 조직되고 편성되는 개인의 사고 체계로써, 개인이 사람과 사물, 세상을 바라보는 생각의 깊이를 의미합니다. 인지도식은 신체 발달, 특히 뇌의 기능이나 발달과도 밀접히 관련되어 있으며 신생아기, 영아기를 거쳐 유아기와 아동기에 매우 중요한 발달 과정을 거치게 됩니다.

아이는 자라면서 세상에 적응하고 상호작용을 하면서 자신이 그동안 쌓아온 경험을 바탕으로 형성된 인지도식에 계속해서 새로운 경험을 투입시키는 과정을 거치게 됩니다. 그 과정이 바로 동화입니다. 위의 예를 통해서 보자면 아이가 일단 '새'라는 '도식'을 형성했으면 그 도식에 새로운 경험을 통해 받아들인 정보를 통합함으로써 모든 날아다니는 물체를 '새'라고 정의하게 되는 것입니다. 마찬가지로 네 발 달린 강아지와 유사한 동물들을 모두 멍멍이라고 하는 것 역시 동화의 과정인 것이지요. 그런데 차츰 시간이 지나면서 기존의 도식만으로는 처리되지 않는 새로운 정보(예를 들면 너구리 같은)가 생겨나기 시작하고, 따라서 기존 도식을 수정하고 변화시켜 새로운 정보를 받아들이는 과정을 거치게 됩니다. 이처럼 기존 도식을 변화시켜 사고 체계를 새롭게 조정하는 과정을 '조절(Accomodation)'이라고 합니다. 그리고 이러한 조절 과정을 통해 강아지가 아닌 너구리라고 하는 또 다른 동물이 아이의 '사고 틀' 안에 자리잡게 되는 것입니다.

아이의 인지도식은 이처럼 동화와 조절의 과정을 거치며 계속해서 확장해나가고 발달하게 됩니다. 그리고 이러한 과정을 거치는 동안에는 아이의 인지도식이 불안정할 수밖에 없습니다. 피아제는 아이가 적응 과정을 거쳐 비로소 안정화된 인지도식을 갖게 되는 상태를 '평형화 과정'이라고 명명했습니다. 즉 인지 발달의 과정이란, 아이가 세상에 적응하기 위해 인지적 동화와 조절의 과정을 반복하면서(자신의 주변 세상과 상호작용하게 되고 그 과정에서 인지도식이 안정적 상태를 유지하는) 인지도식의 평형화 과정을 거치는 것이라고 할 수 있습니다.

아이는 태어나는 순간 세상에 적응하고 이해하기 위한 무한한 노력을 기울이게 되며 이러한 노력의 한 부분이 인지 발달이라고 할 수 있습니다. 인지 발달이라는 말을 들으면 떠오르는 것은 아마도 지능, 두뇌, 학습, 지식과 같은 단어일 수 있습니다. 그러나 인지 발달이란 우리가 세상을 바라보는 것과 관련된 총체적 과정이며 감각과 지각 과정, 지식과 학습 과정을 포함한 지적 영역, 세상에 대한 이해와 평가를 할 수 있는 능력을 습득해나가는 매우 광범위한 영역입니다. 그런 점에서 인지 발달은 어린 시절에만 이루어지고 일정 기간 이후에 완료되는 것이라기보다는, 인생 전반에 걸쳐 이루어지는 과정이라고도 할 수 있습니다.

우리 아이들은, 아니 우리 인간은 매우 능동적이고 자기주도적인 존재입니다. 그러니 아이에게 많은 지식을 쌓게 하려는 노력도 필요하겠지만, 다양한 경험을 통해 사고의 틀을 넓혀갈 수 있도록 도와주는 것이 더 중요할 것입니다.

약속을 안 지키고
떼쓰는 아이

직관적 사고

아이가 쿠키를 한 개만 먹겠다고 약속해놓고 자꾸 한 개만 더 달라고 떼를 쓴다면 어떻게 대처하는 것이 좋을까요?

마음 약한 엄마는 그럼 "한 개만 더 먹는 거야, 약속!"이라고 말하며 아이에게 쿠키를 더 줄 수도 있습니다. 한 개 더 먹는다고 큰일이 나는 것은 아닐 테니, 아이가 짜증을 내도록 두는 것보다는 원하는 대로 해주는 것이 서로 편한 일이라고 생각하는 것이죠. 그렇게 하는 것이 잘못된 것은 아닙니다. 그런가 하면 어떤 엄마는 아이에게 약속의 중요성을 가르치기 위해 쿠키를 더 주지 않을 수도 있습니다. 물론 약속과 규칙을 지키도록 훈육하는 것은 매우 중요합니다. 하지만 이 시기 아이들의 인지 발달 과정을 이해한다면 이런 상황에 더 쉽고 간단하게 대처할 수 있는 방법을 찾아낼 수 있습니다.

　　심리학자 피아제는 아이들의 인지 발달 단계를 총 4단계로 구분하여 설명했습니다. 3~7세의 아동은 4개의 단계 중 두 번째 단계인 '전조작기'에 해당합니다. 피아제는 우리가 생각하고 인지적 활동을 하는 것을 인지적 '조작(Operation)'이라는 개념으로 설명합니다. 그중 전조작기는 본격적인 '조작(사고 활동)'이 일어나기 직전의 단계라는 의미입니다. 즉 이 시기의 아이들은 아직 본격적인 사고 활동이 충분히 이루어지지 않는다는 것이죠. 이후 아동기로 접어들면서 비로소 논리적 사고가 가능해집니다. 비논리적 사고 수준에서의 아이들은 자신의 사고가 어떻게 모순되는지 당연히 알 수 없습니다. 전조작기 아이의 특징 중 가장 대표적인 것은 '중심화 경향성'입니다. 중심화 경향성은 아이들의 사고방식이 한 가지 차원에만 집중되는 것을 의미하는 용어입니다. 다양한 차원을 고려해서 생각해야 하는데, 그렇지 못한 채 한 가지 차원에만 주의를 기울여 생각하는 특성을 의미합니다.

중심화 경향성에 대한 한 가지 실험을 예로 들어 보겠습니다. 피아제는 '보존 개념' 과제라고 불리는 실험을 다음과 같이 진행했습니다. 밑면이 넓고 높이가 낮은 유리컵과, 상대적으로 밑면은 좁지만 높이가 더 높은 유리컵을 주고 그중 한 개의 컵에 액체를 부은 후 그대로 다른 컵으로 옮겨 담는 과정을 아이들에게 보여주면서 어느 쪽 액체의 양이 많은지를 물어보는 실험입니다. 이 경우 대부분의 아이들이 높이가 더 높은 컵에 담긴 액체의 양이 많다고 대답했습니다. 반면 다른 컵에 담긴 액체의 양이 더 많다고 대답하는 아이도 있었습니다. 그러나 사실은 컵에 담겨 있던 액체를 다른 컵으로 옮겨 부은 것이기에 '양은 똑같다'가 정답입니다. 그렇지만 이 시기의 아이들은 한 가지 차원에만 집중하기 때문에 액체의 양을 생각하기보다는 컵의 넓이나 높이에만 집중하게 되어 틀린 답을 하게 되는 것입니다.

이러한 특성은 비단 양이나 부피에 대해서만 적용되는 것이 아니라 다른 인지 활동에도 적용됩니다. 따라서 이 시기의 아이들은 여러 차원을 동시에 고려하지 못하고 자신이 중요하게 여기는, 또는 자신의 눈에 띄는 차원에만 집중할 수 있기 때문에 이처럼 오류를 범하게 되는 것입니다.

피아제는 부피와 양에 대한 실험뿐만 아니라 다른 개념에

〈피아제의 '보존 개념' 이해에 관한 바둑돌 실험〉

대해서도 이와 유사한 실험을 진행했습니다. 똑같은 수의 바둑돌을 두 줄로 놓으면서 한 줄은 촘촘히, 다른 한 줄은 간격을 넓게 두고 배열한 후 어느 줄의 바둑돌이 더 많은지를 물어보면, 이 시기의 아이들은 대부분 간격을 넓게 배열하여 더 길어보이는 줄에 놓인 바둑돌이 많다고 대답합니다. 직관적으로 보았을 때 더 긴 것이 더 많아 보이는 것이죠. 중심화 경향성은 이처럼 직관적 사고와도 관련이 있습니다.

아이들이 어릴 때 산타클로스를 믿는 것 역시 직관적 사고 때문입니다. 산타클로스 복장을 하고 나타난 사람이 선물을 나누어주면 이 시기의 아이들, 특히 5세 미만의 아이들은 보이는 대로 믿는 직관적 사고를 하기 때문에 진짜 산타클로스가 나타났다고 믿게 됩니다.

자, 그럼 이제 앞서 말했던 쿠키를 한 개 더 먹겠다고 떼를 쓰는 아이와 마주한 상황으로 다시 돌아가 볼까요? 이 시기 아이들의 사고방식을 이해한 부모라면 이 상황을 어떻게 해결할까요? 아이에게 '안 돼'라고 말하지 않고, 또는 아이가 요구하는 대로 끌려가지 않고 이 상황을 평화롭게 해결하는 방법은, 바로 한 개의 쿠키를 반으로 쪼개서 두 개로 만들어주는 것입니다. 직관적 사고를 하는 아이들은 쪼개진 두 조각을 보면서 두 개의 쿠키로 인식하기 때문입니다. 아주 간단하지만 아이와 부모가 모두 만족하는 해결책이 될 수 있답니다.

선행학습보다
체험학습이 중요한 시기

자아중심성

4살 아이가 직장에 있는 아빠에게 걸려온 전화를 받았습니다. 아빠와 통화를 하다가 '엄마 집에 있어?'라는 아빠의 물음에 아이는 대답 대신 고개를 끄덕입니다. 이어서 아빠가 아이에게 엄마를 바꿔달라고 하자, 아이는 다시 말없이 고개를 끄덕입니다. 이 아이는 평소 엄마 아빠와 언어적 의사소통을 하는 데 아무 문제가 없으며, 아빠에게 자신이 하고 싶은 말을 충분히 전달할 수 있는 정도의 언어 발달이 이루어진 상태입니다. 따라서 이 경우 아이가 전화기 너머 아빠의 질문에 말없이 고개만 끄덕인 것은 말을 할 줄 몰라서가 아니라 평소에 아빠와 대화하던 습관대로 반응한 것뿐입니다. 아이는 아빠의 시각에서 자신이 보이지 않는다는 것을 미처 생각하지 못하고 평소 아빠와 대화할 때 긍정의 표시로 고개를 끄덕이던 행동을 그대로 한 것입니다. 이때 아이의 행동은 '자아중심적'이라고 할 수 있습니다. 이 시기 아이들의 대표적 특징에 해당하는 자아중심성은, 4세 아이의 인지적 발달 과정에서 나타나는 특징입니다.

초등학교 입학 전 아이들의 발달적 위치는 '학령전 아동기'에 해당하며, 3세~7세까지의 나이에 해당합니다. 이 시기 아이들의 인지적 발달은 매우 왕성하게 이루어지며 너무나 창조적이어서 때로 어른의 관점에서는 이해하기 힘들 정도로 엉뚱하고 기괴할 수도 있습니다. 이때 아이가 세상을 이해하는 능력은 하루가 다르게 발전해나갑니다. 그리고 그러한 능력 중 하나가 자아중심성입니다. 아동 인지 발달의 대가로 알려진 장 피아제(Jean Piaget)는 '세 산 실험'이라고 알려진 한 실험을 통해 이 시기 아이들의 자아중심성을 입증했습니다.

실험에서 아이는 세 개의 산 모형 주변을 돌면서 다양한 각도의 산을 충분히 보게 됩니다. 그렇게 하는 동안 아이는 세

〈세 산 실험〉

산의 형태가 각각 어떻게 다른지, 어떤 산 위에 어떤 물체가 놓여 있는지까지 알게 됩니다. 관찰 시간을 충분히 가진 아이는 자신이 돌아본 세 개의 산 모형이 놓여 있는 책상에서 지정된 자리에 앉습니다. 이때 실험자는 아이가 앉은 쪽을 제외한 책상의 세 면으로 인형을 옮겨가며, 인형의 위치에서는 산이 어떻게 보일지 다양한 각도의 산 사진을 보여주면서 질문합니다. 여러 각도에서 충분히 산을 살펴봤음에도 대부분의 아이들이 인형의 관점이 아닌, 자신의 관점에서 보이는 산의 모습을 고르는 결과를 보였습니다. 이러한 실험 결과를 통해 피아제는 이 시기 아이들의 이러한 경향성은, 아이들이 아직 다른 사람의 관점에 대해 충분히 이해할 수 없는 사고 특징을 가지고 있기 때문이라고 결론지었습니다. 이 시기의 아이들은 자신의 관점과 다른 사람의 관점이 어떻게 다른지 변별하지 못합니다. 때문에 자신의 시각으로만 세상을 이해할 수 있다는 한계를 가지고 있다는 점에서 '자아중심적'입니다. 다른 사람의 관점을 고려하지 못하기 때문에 아직은 배려와 양보도 어렵습니다. 맛있는 것을 먹으면서 옆에 있는 사람에게 나눠주어야겠다는 생각을 할 수 없는 것이지요. 양보와 나눔, 배려를 가르치는 것이 좋을 것 같아 아이에게 '이만큼이면 충분하지? 나머지는 친구와 나눠 먹을까?'라든지, '이 장난감은 그동안 많이 가지고 놀았으니까 친구 먼저 가지고 놀게 할까?'라는 식으로 권하는 것도 만 3~4세의 아이들에게는 아직까지 효과적일 수 없다는 것입니다. 전조작기가 끝날 무렵인 6~7세쯤이 되면 아마도 서서히 양보와 배려의 마음을 가질 수 있을 것입니다. 그러니 아이가 욕심이 많고 양보할 줄 모른다고 걱정할 것이 아니라, 전조작기의 자아중심성을 가진 아이가 보일 수 있는 당연한 반응으로 이해해주어야 합니다.

이 시기의 아이에게는 직접적인 경험을 통해 전조작기 사고가 더욱 활성화될 수 있도록 도와주는 것이 중요합니다. 자신이 직접 경험하지 못한 것은 제대로 납득하고 이해하지 못하는 시기이기에 학원에 다니며 수동적으로 레슨을 받게 하거나 선행학습을 시키는 것보다는, 아이가 직접 체험하고 탐험하여 체득할 수 있는 환경을 만들어주는 것이 더 좋을 것입니다.

놀이도
학습입니다

물활론

아이가 길을 가다가 돌부리에
발이 채어 발가락이 아프다고 합니다. 그러면 엄마가 '아이구,
돌부리가 우리 ○○이를 아프게 했으니 혼내줘야겠네' 하면서
돌부리를 찰싹 때리는 시늉을 합니다. 그러면 아이는 어느새 기
분이 풀리고 발가락도 더 이상 아프지 않은 것처럼 보입니다. 우
리가 일상에서 흔히 접할 수 있는 이런 장면이 가능한 것은 아
이가 3세~7세까지의 '전조작기'에 해당하는 연령일 때입니다.

아직 본격적인 사고 체계가 확립되지 않았지만, 그럼에도 매우 왕성한 인지적 발달이 이루어지는 시기이지요.

　그럼 아이는 왜 기분이 풀렸을까요? 그 이유는 바로 이 시기 아이들이 가진 인지적 특징 중 하나인 '물활론' 경향성 때문입니다. 물활론(物活論, Animism)은 말 그대로 사물이 살아있다고 인식하는 것입니다. 전조작기 초기(약 만 3~4세)에는 세상의 모든 사물은 살아있는 것이라고 믿으며 더 나아가 모든 사물에는 영혼이 깃들어 있다는 믿음을 가지고 있습니다. 그러다 전조작기가 조금 더 진행되는 만 4~5세 무렵이 되면, '움직이는 것'을 살아있는 것, 즉 생명이 있는 것으로 생각하는 경향이 있습니다. 바람에 펄럭이는 커튼 자락은 움직이므로 '살아있는 것'이지만, 화분에 심어진 나무는 움직이지 않고 서 있으니 생명이 없는 것이라고 생각하는 식입니다. 아직은 생명에 대한 의미를 진정으로 이해하지는 못하고 있는 것이지요. 이 시기의 아이들에게 의인화된 사물이 등장하거나 움직임이 있는 물체가 등장하는 어린이용 만화가 인기를 끄는 이유도 여기에 있습니다. 아이들에게는 그 콘텐츠에 등장하는 캐릭터들이 마치 실재하는 생명체처럼 느껴지기에 어른들의 눈에 비치는 것보다 더 의미 있는 내용일 수 있는 것입니다.

　전조작기 사고의 특징으로는 물활론 외에도 '상징의 사용'

이라는 것이 있습니다. 실제로 존재하지 않는 대상이라 할지라도 정신적으로 이미지화할 수 있는 능력이 있다는 것입니다. 아이가 낙서를 하면서 구름이나 집, 차를 그릴 수 있는 것은 자신의 머릿속에 그것들의 이미지가 구체적인 모양으로 자리 잡고 있기 때문입니다. 이러한 상징 사용의 능력은 이 시기에 이루어지는 언어 발달과 맞물리면서 가상놀이의 형태로 나타나게 됩니다. 즉 가상의 상황이나 사물을 실제 상황이나 사물인 것처럼 상징화하는 놀이가 가능해지게 되는데, 우리는 흔히 이것을 '역할놀이'라고 말합니다. 역할놀이는 아이의 인지 발달에 매우 많은 의미를 지니고 있습니다. 이 시기에 가능하게 된 상징의 사용을 실현하는 현장인 동시에 이 시기의 폭발적인 언어 사용과 더불어 인지 발달과 언어 발달이 동시에 이루어지게 되는 중요한 학습 과정이기도 합니다.

물활론이 적용되는 시기에는 '실재론'의 특징도 나타나게 됩니다. 실재론이란, 자신의 생각 속에 있는 것을 실제로 존재하는 것으로 믿는 경향성을 의미합니다. 실재론의 특징을 가장 잘 살펴볼 수 있는 예로는 꿈을 들 수 있습니다. 꿈에서 본 일이 실제로 일어난 것이라고 믿는 것입니다. 특히 만 3~5세 무렵의 아이들은 환상과 현실을 구분할 수는 있지만, 꿈에서 일어났던 일을 자신이 생생하게 체험한 것이라고 여기며 실제로 일어난 일이라고 믿기도 합니다. 또한 아직 상대방의 관점에 대한 이해가 부족해서 자신이 꿈에서 보았던 것은 다른 사람들도 보았을 거라고 믿는 경향이 있습니다. 만약 아이가 꿈에서 엄마한테 혼이 났다면 잠에서 깬 후에 아직 꿈에서 벗어나지 못한 채 엄마에게 와서 '엄마, 나한테 왜 화낸 거야?'라고 묻거나, 자신의 방에 만화 캐릭터가 들어와서 함께 놀았던 꿈을 꾼 후에는 그 캐릭터를 못 봤느냐며 물어보기도 합니다.

이런 모든 현상은 이미 앞서 보았던 전조작기의 다른 사고들의 특성(자아중심성, 직관적 사고)과 모두 연관되어 있습니다. 즉 눈에 보이는 한 가지 차원에만 집중할 수 있으며 그 외의 다른 관점은 동시에 고려할 수 없고, 자기만의 시각으로 세상을 바라보는 인지적 사고 수준에서는 추상적 사고가 불가능한 것입니다. 그러나 이러한 사고의 발달 과정을 거쳐야 그보다 높은 수준의 사고를 할 수 있는 인지 발달이 이루어지는 만큼, 부모는 이 시기에 아이가 사고 체계를 최대한 활성화시킬 수 있도록 도와주는 것이 중요합니다.

3~7세 시기에는 상징을 사용하는 사고가 가능하므로 아이들이 소꿉놀이나 가상놀이를 재미있어 합니다. 부모의 입장에서는 피곤하거나 바쁠 때 아이와 함께 놀아주는 것이 조금은 귀찮게 여겨질 수도 있지만, 아이가 역할놀이를 통해 보다 논리적

인 사고 체계를 쌓아나갈 수 있다고 여긴다면 조금은 귀찮은 마음이 줄어들 것입니다. 그러니 아이에게 논리적 사고를 키워주기 위한 선행학습을 시키려 하기보다는, 다양한 역할놀이, 가상놀이를 함께해주거나 그런 놀이들을 최대한 많이 경험할 수 있도록 기회를 제공해주려는 노력이 필요합니다. 아이는 그런 놀이를 통한 경험을 쌓아가면서 창의성과 사회성을 발달시키게 되는 것이니까요. 놀아주는 시간에 비례해서 아이가 더 지혜롭게 성장할 수 있다고 해도 과언이 아닐 것입니다.

아이와 놀아줄 때 한 가지 유념해야 할 것이 있습니다. 때로는 아이가 역할놀이를 하면서 특정 역할만 고집하는 경우가 있을 겁니다. 예를 들어, 병원놀이를 할 때 자신은 의사 역할만 맡으려고 고집을 피운다거나 주방놀이를 할 때는 요리사 역할만 맡으려는 식입니다. 그럴 때 부모는 다양한 역할을 경험해 보길 바라는 마음에 아이가 원하는 것이 아닌 다른 역할을 시키려고 하기도 합니다. 하지만 그럴 필요는 없습니다. 아이는 아마 유치원에서 다른 아이들과 놀 때에는 그런 식의 고집을 부리지 않을 겁니다. 보통 유치원에서는 서로 번갈아가면서 역할을 맡는 규칙이 있기 때문이지요. 그러니 집에서 놀 때는 아이의 요구를 최대한 수용해주어도 괜찮습니다. 아이가 원하는 상황, 원하는 역할을 마음껏 하도록 해주면서 부모 역시 적극적으로 함께 참여해주면 아이는 훨씬 더 집중하며 재미있게 놀 수 있을 것입니다. 그렇지만 집에서도 유치원에서도 놀이에는 규칙이 있고, 그 규칙을 따르는 일 또한 중요하다는 것을 함께 이야기해주는 것이 필요합니다.

아이의 기억력 발달을
도와줄 수 있어요!

아이를 키우다 보면 가끔씩 그 시절의 나를 떠올리게 되는 순간이 있습니다. 나는 저 나이에 어땠지? 하고 생각하다 보면 어린 시절 재미있었던 일이나 즐겁고 행복했던 순간들이 떠오르게 됩니다. 그렇지만 또 곰곰이 생각해 보면 좋은 일만 있었던 것은 아니었습니다. 나름 힘든 일도 많았고 부모님께 혼나고 야단맞았던 기억도 있습니다. 그런데 희한한 것은 좋은 일은 추억이라 부르며 자주 떠올리는 데 반해,

안 좋은 일은 기억이라 부르며 되도록 생각하지 않으려 한다는 것입니다. 그러나 좋았던 일이든 안 좋았던 일이든 어린 시절의 기억은 우리가 인생을 살아가는 데 있어 매우 소중한 자산이 됩니다. 기억은 과거의 경험을 현재 머릿속에 떠올리는, 과거와 현재가 연결되는 매우 환상적인 경험을 가능케 합니다. 놀라운 인간의 능력이라 할 수 있는 것이죠. 그렇다면 기억과 추억은 어떻게 발달하며 어떤 특징이 있을까요?

먼저 기억은 크게 '명시적 기억(외현 기억)'과 '암묵 기억(절차 기억)'으로 구분할 수 있습니다. 우리가 학교에서 배운 지식을 기억하고 시험을 치를 때 적용하는 것과 같은 '의미 기억', 놀이공원에 놀러갔던 기억처럼 자신의 개인적 경험인 '일화 기억' 등이 명시적 기억에 해당합니다. 즉 의식적, 의도적으로 머릿속에 떠올리는 것으로써, 우리가 흔히 기억이라고 말하는 전형적인 유형이라고 할 수 있습니다. 또 다른 유형인 암묵 기억은, 의식적으로 기억하려고 의도하지 않았음에도 저절로 떠오르는 기억을 말합니다. 예를 들어 어떤 운동을 배울 때 움직임 하나하나를 의식적으로 기억하지는 않지만 반복해서 연습하는 사이에 몸에 익숙해지면서 기억하게 되는, 우리가 흔히 '몸이 기억한다'는 말을 할 때 해당되는 유형입니다. 운동 기술 외에도 평소 습관적으로 하는 행동 같은 것들이 이에 해당합니다. 이런 기억들이 언제부터 발달하는지 연구한 결과, 기억의 종류에 따라 발달의 시작 시기와 속도가 다르며, 기억에 관여하는 뇌의 구조도 각각 다른 것을 알 수 있었습니다.

어린 시절의 추억을 떠올리는 데 주로 관여하는 일화 기억은 뇌의 해마 또는 내측 측두엽과 관련이 있으며, 운동 기술을 익히는 것과 관련된 암묵 기억은 주로 운동피질과 관련이 있는 것으로 나타났습니다.

그렇다면 우리는 얼마나 어린 시절까지 기억할 수 있을까요? 어떤 사람은 5세 이전의 일은 잘 기억하지 못하고, 어떤 사람은 3~4세의 일도 매우 자세히 기억합니다. 대부분의 경우 3세 이전의 일에 대해서는 거의 기억하지 못합니다. 그리고 3세 이후의 기억 또한 사실 매우 제한적일 것입니다.

학계에서는 3세 이전의 사건을 기억해내지 못하는 현상을 '영아기 기억상실증'이라고 말합니다. 이 현상이 일어나는 원인에 대해서는 다양한 견해가 있는데 대표적인 의견들 중 하나는 어린 시절에는 자신이 경험한 것을 조직화시킬 수 있는 '자기(Self)'의 인식이 아직 충분히 발달하지 못했기 때문이라는 것입니다. 자기에 대한 인식은 대개 2세를 전후로 발달하기 때문에 이때부터 자신의 경험을 '나에게' 일어난 특별한 사건으로 조직화하고 기억할 수 있게 됩니다. 그러므로 자아개념의 발달은 기억 구성에 있어 매우 필요한 요인임을 알 수 있습니다.

영아기 기억상실증의 원인에 대한 또 다른 의견은 인지 발달과 관련이 있습니다. 특히 언어 발달은 기억 재구성에 있어 매우 중요한 역할을 한다고 주장합니다. 아직 언어를 사용하지 못하는 시절에 경험한 일은 미처 언어로 전환되지 못하기 때문에 자신에 관한 기억인 자서전적 기억의 일부로 흡수되지 못한다고 보는 것입니다. 만약 말을 할 수 있다 하더라도 언어 구사 수준이 더 나이가 많은 아이나 성인과 같은 수준이 아니기에 그들과 동일한 수준으로 자신의 경험을 표현할 가능성이 낮습니다. 아이는 성장하면서 점차 언어 구사의 수준이 높아지고 이와 더불어 어른의 도움으로 자신의 경험을 다른 사람과 공유할 수 있는 이야기 형식으로 부호화할 수 있게 되면서부터 머릿속에 기억을 저장할 수 있게 됩니다.

비록 기억을 구성하는 일에 한계가 있는 어린아이라 하더라도 부모가 아이의 기억 발달에 도움을 줄 수 있습니다. 특히 아이가 자신의 인생에서 일어났던 여러 중요한 사건에 대한 기억에 해당하는 자서전적 기억을 발달시키는 데 있어 부모의 역할은 매우 중요합니다. 자서전적 기억의 발달은 아이가 부모 또는 자신에게 매우 영향력 있는 중요한 인물들과 의사소통하며 상호작용하는 방식에 의해 큰 영향을 받습니다. 아이가 과거의 경험에 대해 이야기할 때 부모가 더 구체화할 수 있게 도와주면서 기억을 확장시키는 역할을 해주는 것이 좋습니다. 놀이공원에 다녀온 아이가 오늘 일을 회상하는 동안 부모가 '누구랑 함께 갔는지 말해보자', '거기서 뭘 봤는지 기억해 보자' 등의 대화로 아이의 기억 구성을 도와주며, 아이가 오늘 놀이공원에서의 여러 사건을 열거하고 나면 '또 뭘 했었지?' 하고 물으며 기억을 보완해줄 수 있습니다. 대화의 과정에서는 아이가 어떤 사건에 대해 이야기할 때 누가, 언제, 어디서, 무엇을 했는지에 관한 정보를 기억하도록 도와주는 것이 좋습니다. 그럼 아이들은 이를 통해 기억하는 일에 있어서는 이처럼 육하원칙의 방식으로 정보를 구성하는 것이 중요하다는 것을 학습하게 됩니다. 더불어 자서전적 기억에 있어 발생 순서대로 경험을 구성하고, 그에 따라 경험의 전후 인과관계 또한 재구성할 수 있게 됩니다. 부모가 '너는 오늘 놀이공원에서 어떤 게 제일 좋았어?'와 같은 질문을 했을 때 아이는 답변을 하면서 그 경험을 매우 중요하고 의미 있는 일로 기억하게 될 것입니다.

아이의 자서전적 기억에 대한 부모의 역할은 그 영향력이 매우 장기적이라는 것이 연구 결과를 통해 입증된 바 있습니다. 한 연구에 따르면 2~4세 시기에 경험한 것에 대해 부모와 대화를 많이 했던 아이가, 그렇지 않은 아이에 비해 12~13세가 되었을 때 그 경험에 대해 더 자세히 기억할 수 있는 것으로 나타났습니다. 기억력이 좋은 아이로 성장하는 데 부모의 역할이 그만큼 중요하다는 것이지요. 그러니 평소에 아이에게 그날 있었던 일을 묻고 많이 대화하면서 아이의 기억력이 발달하도록 신경 써주어야 할 것입니다. 다음 장에서는 아이의 기억력 발달을 돕는 더 구체적인 방법에 대해 알아보도록 하겠습니다.

기억력 발달을 위해서는
전략이 필요해요

상위
기억

　　　　　아이가 '기억력이 좋다'고 할 때
의 기억력이란 무엇을 의미하는 걸까요? 어떤 것을 잘 암기하는
능력일까요? 아니면 실제로 경험했던 것을 마치 사진을 보듯이
생생하게 회상해내는 능력일까요? 결론을 말하자면 두 가지 능
력 모두 기억력에 해당합니다. 이 외에도 이미 일어난 사건이 아
닌 미래에 일어날 사건을 기억하는 '미래계획 기억'이라는 것이
있습니다. 예를 들어, 아이와 약속을 합니다. 이번 생일에는 아

이가 원하는 것을 선물로 주지 못했지만 다음 생일에는 꼭 사주 겠다는 내용입니다. 그럼 아이는 그 약속을 기억해두고 다음 생일에 그 선물을 기대하게 됩니다. 이처럼 앞으로 있을 일에 대해 기억하는 것이 바로 미래계획 기억입니다. 우리가 친구와 만나기로 약속을 정하고 그 날짜와 시간에 맞추어 친구를 만나는 것도 우리의 기억에 의해 이루어지는 일인 것이지요. 우리는 인생을 살아가면서 마주하게 되는 수많은 시험을 위해서도 기억력을 잘 발휘해야 합니다. 그만큼 기억은 우리 일상에서 많은 부분을 차지하고 있고, 인지라는 단어의 또 다른 말이 마치 기억인 것으로 여길 정도로 우리 사고 활동의 큰 부분에 해당하는 기능입니다. 보통 아이가 기억력이 좋다고 하면 우리는 머리가 좋고 똑똑한 아이를 떠올리게 됩니다. 그만큼 '인지=기억'이라는 개념은 자연스럽습니다. 그러니 기억의 발달은 아이의 인지 발달을 이해하는 데 있어 매우 중요한 것입니다.

그럼 기억력이 발달한다는 것은 구체적으로 어떤 의미일까요? 발달적 의미에서 나이가 많은 아이는 그보다 어린아이에 비해 당연히 더 많은 양의 정보를 더 정확하게 기억할 수 있습니다. 그렇다면 단순히 아이가 성장할수록 기억을 더 잘하게 되는 것일까요? 그건 아닙니다. 기억력 향상을 위해서는 전략을 잘 사용해야 합니다. 이것을 '기억 전략'이라고 합니다. 기억 전략이란, 기억을 잘하기 위해 의도적으로 사용하는 다양한 '조작'과 '책략'을 말합니다. 대표적인 것이 '암송(rehearsal)'입니다. 짧은 시간 내에 주어진 정보를 기억하고자 할 때, 그 정보를 반복해서 중얼거리며 말하거나 머릿속으로 계속 되뇌이는 방법이지요. 무언가를 기억하려 할 때 사용할 수 있는 가장 간단하면서도 효과적인 전략이라 할 수 있습니다. 또 다른 대표적 전략으로는 '조직화(organization)'가 있습니다. 조직화는 기억해야 할 내용을 관련 있는 항목끼리 범주화하여 집단으로 묶어주는 전략입니다. 예를 들어 칼, 셔츠, 자동차, 포크, 보트, 바지, 양말, 트럭, 숟가락, 쟁반의 목록을 기억하려면 10개의 항목을 암기해야 하지만, 이것을 탈것, 의복, 주방도구의 3개 범주로 묶어서 기억하면 나중에 기억을 떠올리기가 훨씬 더 쉽습니다. 이 밖에도 '정교화(elaboration)' 전략이 있습니다. 정교화는 기억해야 할 정보에 자신이 기존에 알고 있는 다른 정보들을 활용하여 정보끼리 관련성을 주거나 의미를 부여하는 전략입니다. 비밀번호 7295를 외우기 위해 앞의 두 숫자인 7과 2를 더하고(+) 뺀(-) 숫자인 9와 5를 함께 외우는 식입니다. 이처럼 정교화는 서로 관계가 없는 정보에 관계를 설정해주거나 의미를 부여해주는 것이기 때문에 다른 기억 전략에 비해 늦게 발달하기 시작합니다. 앞서 언급했던 두 개의 전략인 암송과 조직화 역시 본격적인 발달이 이루어지는 것은 초등학교 이후부터지만, 암송은 비교적 일찍 사용되기도 합니다. 연구에 의하면 5세 아이도 암송을 전략으로 사용할 수는 있으나 그 정보를 기억으로 원활히 활용하는 것은 7세 이후인 것으로 나타났습니다. 그만큼 기억 전략은 언어 발달이나 다른 영역의 인지 발달이 충분히 이루어지는 것과 맞물려 있음을 알 수 있습니다.

기억을 잘하려면 이러한 기억 전략을 효율적으로 사용해서 정보를 잘 저장해두어야 하기도 하지만, 저장한 정보를 필요할 때 제대로 소환해내는 과정도 중요합니다. 아이들의 기억력은 정보를 저장하는 능력에도 인출하는 능력에도 한계가 있습니다. 하지만 부모가 도와주면 그렇지 않은 경우보다 훨씬 더 잘 저장하고 꺼낼 수 있습니다. 아이에게 '오늘 유치원에서 어떻게 지냈니?'라고 물어보면 아마도 대부분의 아이들은 오늘 있었던 일을 일일이 회상하기보다는 '재미있었어'라고 단순하게 대답할 겁니다. 하지만 조금 더 구체적으로 '오늘 오후 그림 그리기 시간에는 뭘 했어?'라고 물어본다면, 아이는 당시 있었던 일을 더 자세히 말할 수 있을 것입니다. 다시 말해 아이들이 기억을 잘하지 못하는 것은, 정보를 제대로 저장하지 못했기 때문이 아니라, 저장된 정보를 꺼내는 일이 어렵기 때문일 수도 있다는 것입니다.

7세 아동과 대학생의 기억에 관한 실험 연구에서, 7세 아동도 '인출 단서(기억을 끄집어내기 위한 단서)'를 제공받기만 한다면 충분히 대학생만큼 기억해낼 수 있다는 사실이 밝혀졌습니다. 정보를 저장하는 과정에서도 부모가 옆에서 좀 더 구체적인 정보를 제공하며 아이가 기억하는 데 도움을 줄 수 있으며, 그 기억을 꺼낼 때도 부모의 구체적인 단서 제공이 도움을 줄 수 있습니다.

기억을 기억하는 것, 다시 말해 자신의 기억에 대한 모든 측면의 포괄적 지식과 정신 작용에 대한 지식을 '상위 기억(Meta-memory)'이라고 합니다. 아이들은 나이가 들어가면서 자신의 기억력의 한계나 전략의 효율성에 영향을 미치는 여러 변수와 원인에 대해 깨닫기 시작합니다. 그리고 약 6~8세 무렵에는 자신의 기억력을 향상시키기 위한 전략을 적극적으로 사용하기 시작합니다. 심지어 3~4세 무렵의 아이들도 마음의 용량이 제한적이라는 것을 인식하며, 정보의 양이 많을수록 기억하기 어렵고 더 많은 시간이 필요하다는 것을 알고 있습니다. 그러나 어린아이들은 자신의 기억 능력을 과대평가하는 경향이 있습니다. 그래서 자신의 기억력이 실제보다 훨씬 더 높을 것으로 생각합니다. 그렇지만 그러한 과대평가로 인해 기억 전략을 무모하게 시도하기도 하면서 궁극적으로는 인지적 기술이 향상되는 효과가 있습니다. 아이의 상위 기억이 본격적으로 향상되는 것은 4세

~12세 시기로, 이때 아이들은 유치원과 초등학교에 다니면서 본격적이고 체계적으로 지식을 축적할 수 있게 됩니다. 상위 기억의 향상은 실제적인 기억력 향상에 도움이 되며, 기억력은 지식이 쌓일수록, 즉 아는 것이 많아질수록 새로운 정보의 학습과 기억이 더 효율적으로 이루어지면서 자연스럽게 향상됩니다. 그 과정에서 보호자의 구체적인 단서 제공과 같은 도움이 아이의 기억력 향상에 작지만 큰 도움이 된다는 것을 꼭 '기억'해주세요.

똑똑한 머리는
타고나는 걸까요?

지능과 IQ

'똑똑한 아이로 키우고 싶어요!'

우리 아이가 똑똑했으면 하는 것은 아마 모든 부모의 바람일 것입니다. 과연 똑똑한 아이는 어떤 아이일까요? 보통은 '머리 좋은 아이'를 떠올릴 것이고, 그 말은 지능지수 즉, IQ가 높은 아이를 의미할 것입니다.

그럼 IQ가 높다는 것은 무엇을 의미하며, 어떻게 하면 IQ를 높일 수 있을까? 하는 궁금증이 들 수 있습니다. 우리는 IQ에 대해 말할 때 흔히 'IQ가 두 자리 숫자이면 머리가 나쁘다'는 식의 표현을 합니다. 여기서 두 자리 숫자란 IQ가 100을 넘지 않는 것을 의미하겠죠. 결론을 먼저 말하자면, 이는 사실이 아닙니다. IQ는 지능지수(Intelligence Quotient)를 말하며, 말 그대로 우리가 가지고 있는 지적 능력을 수치로 표현한 것입니다. 대개는 지능 검사 도구를 통해 측정된 지능의 측면을 수량화한 값으로 나타 냅니다. 지능 점수는 우리가 가지고 있는 다양한 방면의 지적 능력을 측정하도록 고안된 매우 신뢰 높은 지능검사 도구를 통해 측정되고, 그 결과로 지능지수가 나오게 됩니다. 지능검사는 평균점수 100을 기준으로, 표준편차가 15점으로 나타나는 분포를 가지도록 고안되었습니다. 보통 IQ 85~115점이 전체 인구의 약 70%에 해당하는 평균 점수대입니다. 그러므로 만약 누군가의 IQ가 90으로 나왔다면 이는 머리가 나쁜 것이 아니라 지극히 정상적인 수치인 것이죠.

그렇다면 우리 아이의 IQ는 얼마일까? 부모는 궁금할 수밖에 없습니다. 현재 사용되는 지능검사 도구는 만 2~3세부터 사용할 수 있도록 고안된 것부터 성인용에 이르기까지 매우 다양하게 갖추어져 있습니다. 따라서 아이의 IQ가 궁금하다면 심리검사 기관을 통해 검사를 받아볼 수 있습니다. 그러나 초등학교 입학 전의 아이들에게는 특별한 발달적 문제가 있는 경우가 아니라면 굳이 지능검사를 권하지 않습니다. 이 시기의 아이들은 아직 발달 가능성이 무한하기 때문에 지능검사를 통해 나오는 지능지수를 발달적 의미로 해석하고 예측하기에는 한계가 있기 때문입니다. 그리고 IQ 점수 자체가 의미하는 바는 사실상 그리 크지 않습니다.

똑똑한 아이는 IQ를 언급하기 이전에, 인지적, 사회적으로, 또한 정서적, 행동적으로 균형 있게 발달한 아이라고 말할 수 있습니다. 과거에는 지능을 인간의 인지 능력에 해당하는 그 어떤 것으로 보고, 하나의 구조로 정의하기도 했습니다. 그러나 현대에 와서 지속적인 지능 연구의 결과, 사람에게는 다양한 종류의 지능이 존재한다는 다중지능이론이 등장했습니다. 이 이론의 대표적 학자는 하워드 가드너(Howard Gardner)입니다. 가드너는 인간에게 10개 내외의 지능이 존재한다고 말합니다. 그중 몇 가지를 예로 들어보면 언어 지능, 수리적 지능, 자연 지능, 대인 지능 등이 있습니다. 어떤 사람은 언어적으로 특히 재능을 보입니다. 이런 사람은 언어 지능이 높은 경우입니다. 또 어떤 사람은 동식물 같은 자연에 관심이 많습니다. 이 사람은 아마도 자연 지능이 높은 사람일 것이라 추측할 수 있습니다. 사람마다 가지고 있는 지능의 종류는 이렇듯 다르기 때문에 각자의 지능과 재능을 더 발달시킬 수 있도록 노력하는 것이 중요합니다. 모든 종류의 지능을 다 가지고 있는 경우는 거의 없습니다. 그렇기 때문에 모든 능력을 개발하려고 노력하기보다는, 지금 자신이 갖고 있는 재능을 더욱 잘 발현시킬 수 있도록 하는 것이 중요합니다.

그럼 우리 아이는 어떤 종류의 지능을 가지고 있으며, 그 지능과 재능을 잘 발달시키려면 어떻게 키워야 할까요? 우선 아이가 무엇을 좋아하는지 유심히 살펴보세요. 그러면 아이의 특화된 재능이 무엇인지 파악할 수 있습니다. 지능에 관한 많은 연구를 통해 일관되게 나타나는 결과는, 지능에 있어 유전적 성향이 차지하는 비중이 매우 높다는 것입니다. 더불어 또 하나 강조되고 있는 점은, 유전적으로 가지고 태어난 지능이 더 잘 발현되도록 하는 데에는 양육과 환경적 영향이 크다는 것입니다. 즉 양육을 통해 아이가 가진 유전적 잠재력이 최대한 드러날 수 있도록 하는 것이 중요하며, 이와 더불어 그러한 가능성이 잘 나타날 수 있는 환경을 조성해주려는 노력 또한 필요합니다. 아이가 다니는 학교나 또래 문화, 놀이문화, 지역사회 속에서의 다양한 체험 활동 등이 모두 아이의 재능 발전에 영향을 준다는 것이죠. 다시 말해 학습지를 시키고, 학원을 보내서 무언가를 배우게 하는 것보다는, 아이의 잠재력이 무엇인지를 먼저 파악하고 그 잠재력에 알맞은 환경을 만들어주려는 노력이 진정 똑똑한 아이로 키우는 길이라는 것입니다. 아이의 잠재력이 무엇이며 아이가 정말 좋아하는 것이 무엇인지를 파악하기 위해서는 아이를 있는 그대로 보아야 합니다. 아이에게 무언가를 기대하고 그 기대에 맞추려고 하기보다는, 아이가 그 어떤 압박감이나 심리적 긴장감 없이 자연적으로 좋아하는 것이 무엇인지를 파악해야 한다는 것이죠.

아이가 정말 좋아하는 것이 무엇인지 알아보라는 조언을 하면, 대부분의 부모들이 우리 아이는 특별히 좋아하는 것이나 재능이 없는 것 같다고 말합니다. 이것은 어쩌면 아이가 부모의 기대에 못 미치는 데서 오는 편견 때문일 수도 있습니다. 재능이란 것이 꼭 특출해야만 하는 것은 아닙니다. 우선 오늘부터라도 아이가 밥 먹는 것도 잊을 만큼 몰입하거나 집중하는 것이 무엇인지 관심을 가지고 지켜봐 주세요.

말 잘하는 아이가
똑똑하다?

언어
발달

아이가 옹알이를 하던 시절을 떠올려볼까요? 옹알옹알 하던 아이가 어느 날 '엄마', '아빠'라고 말하던 순간의 놀라움과 기쁨을 기억하실 거예요. 그때를 떠올리면 지금도 저절로 입가에 미소가 지어집니다. 그만큼 아이가 말을 하게 된다는 것은 가족에게 있어 하나의 큰 사건이라고 할 수 있는데요. 또래에 비해 말하기를 비교적 빨리 시작하는 아이가 있고 좀 느리게 시작하는 아이도 있을 거예요. 그럼 말하기를 빨리 시작하는 아이가 더 똑똑한 것일까요? 언어 발달은 인지 발달과 밀접히 연관되어 있기 때문에 말하기를 잘한다는 것은 그만큼 영리하다는 것으로 간주할 수 있는 부분도 있지만, 지능 발달은 언어적인 것 외에도 수리적인 것, 신체 능력, 문제 해결 능력 등 종합적인 능력을 포함합니다. 말을 잘하는 것이 반드시 똑똑한 것과 직결되어 있다고 할 수는 없다는 얘기죠. 아이들의 발달은 개인차가 많이 개입되므로 좀 더 빠르고 느리고의 시기적인 차이는 있을 수 있지만, 빠른 언어 발달이 인지적으로 더 유리한 그 무엇인가를 의미하는 것은 아닙니다. 하지만 의사소통과 사회적 상호작용을 위해 언어 발달이 중요한 것은 사실이기 때문에 부모는 이 시기 아이들의 언어 사용에 신경을 써주어야 합니다.

아이는 걸음마기 무렵 두 개의 단어만으로 말을 하다가 차츰 사용하는 단어의 수를 세 개, 네 개, 다섯 개로 늘려가면서 문장을 표현하기 시작합니다. 만 2세와 3세 사이에 대부분의 아이들은 단순한 문장을 사용할 수 있으며 이후 폭발적인 언어 발달이 이루어지면서 만 3세경에는 평균 900개 이상의 단어를 사용할 수 있게 됩니다. 서술적 문장을 사용할 뿐만 아니라 의문문, 부정문, 관계절까지 사용하는 복잡한 문장도 구사하게 됩니다. 만 6세의 아이들은 비록 사용하는 어휘 수가 적고 완성도가 떨어지지만, 어른들이 사용하는 복잡하고 정교한 문법 체계를 갖춘 문장을 구사할 수 있습니다.

아이들의 시기별 언어 발달적 특징을 이해한다면 아이가 더 유창하게 말할 수 있도록 돕기 위한 구체적인 방안을 모색해 볼 수 있을 것입니다.

만 3~4세 아이들의 언어적 특징 중 대표적인 것은 '자기중심적'이라는 것입니다. 이 시기의 아이들은 함께 이야기를 나눈다고 하더라도 각자 자기가 하고 싶은 말을 하는 형태라는 점에서 진정한 대화로 보기 어려운 경우가 대부분입니다.

> A : "우리 아빠는 집에 있으면 잠만 자."
>
> B : "이 책의 주인공은 물속에 살고 있어. 그래서 물 밖으로 나오면 살 수 없어."
>
> A : "아빠는 항상 피곤하다고 하셔."
>
> B : "물속에서 적들이 공격하면 얘는 물 밖으로 나올 수밖에 없어. 그래서 금방 죽어…"

위의 대화를 보면 A와 B가 서로 대화를 나누는 듯 보이지만 각자 자기가 하고 싶은 말을 릴레이식으로 주고받고 있음을 알 수 있습니다. 이 시기 아이들은 아직까지 다른 사람의 관점을 고려할 수 없다는 인지적 특성으로 인해 대화의 형태도 자신이 하고 싶은 말을 하는 식으로 흘러가게 됩니다. 그래서 이 시기 아이들의 언어적 특징을 '집단 독백' 또는 '이중 독백'이라고 합니다. 즉 상대방의 말을 듣고 그에 대해 반응해주는 것이 아니라, 자신이 말할 순서를 기다렸다가 하고 싶은 말을 하는 것입니다.

유아기를 벗어나기 시작하는 4~5세 무렵이 되면 인지적, 언어적으로 서서히 자기중심성이 줄어들기 시작하면서 상대방의 말을 듣고 대응하는 변화를 보이기 시작합니다. 그러면서 대화 상대에 따라 자신의 언어 구사 수준을 조절하는 '부호 전환'이 이루어집니다. 우리가 아이들한테 말할 때는 아이의 눈높이에 맞도록 호랑이 대신 '어흥이'라고 표현하거나, 더러운 것을 가리켜 '지지야'라고 표현하는 것도 모두 부호 전환의 예에 해당합니다. 만 5세 무렵의 아이들은 서서히 자기중심성을 벗어나면서 자기보다 어린 아이에게는 상대방이 잘 알아들을 수 있도록 말을 하려는 노력을 보이기 시작합니다. 이는 아이가 이해와 배려를 하기 시작했다는 뜻이기도 합니다.

이 시기 언어 발달의 또 다른 특징으로는 외설스런 말과 속어를 사용한다는 것입니다. 때때로 아이는 부모가 당황스러울 정도로 더러운 이야기를 하면서 즐거워하거나 매우 외설적인 말을 하기도 하고 욕을 하기도 합니다. 부모 입장에서는 그런 말을 들으면 깜짝 놀랄 수밖에 없지만 사실 아이들이 그런 말들의 의미를 제대로 알고 사용하는 경우는 거의 없으며 그것이 나쁜 말이라는 인식조차 하지 못하는 경우가 대부분이니 크게 놀랄 필요는 없습니다.

또 하나의 특징으로는 새로운 말을 만들어낸다는 것입니다. 자신이 이미 알고 있는 말을 기반으로 창조적으로 응용해서 전혀 들어보지 못한 새로운 말을 만들어내기도 합니다. 이때 부모는 아이의 말이 틀렸다고 지적하거나 혼내기보다는 오히려 자연스러운 현상으로 받아들이면서 부드럽게 적합한 단어나 표현을 알려주는 것이 좋습니다.

만 3세 이후 초등학교에 입학하기 전까지 아이들의 언어 발달은 매우 급속도로 진전을 보입니다. 이 과정에서 중요한 것은, 부모가 아이와 되도록 많이 대화하면서 아이의 말에 응답해주고 언어적인 상호작용이 활발히 이루어질 수 있도록 신경 써주는 것입니다.

아이가 말이 느려
걱정이에요!

언어발달 지체

아이를 키우면서 누구나 한 번
쯤은 '우리 아이가 혹시 발달상에 문제가 있는 것은 아닐까?' 하
는 걱정을 하게 됩니다. 개인차가 있을 수 있다는 생각을 하면
서도 우리 아이가 다른 또래들에 비해 키가 너무 작다거나 체중
이 너무 적게 또는 많이 나갈 때는 걱정을 할 수밖에 없지요. 이
러한 신체 발달 외에도 단골 걱정 소재로 언어 발달이 있습니다.
'우리 애가 또래에 비해 말이 너무 늦어요…' 하며 걱정하는 보

호자들이 많습니다. 언어 발달이 느린 경우, 단지 말이 늦어지는 것인지 아니면 자폐스펙트럼장애와 같은 발달 장애가 있는 것인지를 먼저 파악해야 합니다. 만 4~5세가 지났는데도 초기 유아기 아이처럼 한 두 단어만으로 언어 구사를 한다면 언어 발달이 느린 것으로 볼 수 있습니다. 만약 아이가 또래에 비해 언어 구사 능력이 현저히 뒤쳐진다고 생각한다면 전문가를 통해 아이의 언어 능력을 점검해볼 필요가 있습니다.

말이 늦어진다고 해서 무조건 '언어 장애'라고 단정 지을 수는 없습니다. 말이 느리고 잘 못하는 경우를 좀 더 세부적으로 분석해 보면 크게 두 가지 유형이 있습니다. 하나는 '말 장애'에 해당하는 경우로, 아이가 말을 알아듣고 이해하지만 제대로 표현하는 것은 어려운 유형입니다. 또 하나는 언어를 이해하는 정도가 늦어진 경우인 '언어 장애'입니다.

말 장애의 경우는 언어적 능력보다는 운동 능력이 발달하면 해결될 수 있습니다. 말을 한다는 것은 호흡과 발성이 요구되는 일로, 혀의 움직임이나 구강과 후두 등의 신체기관이 제대로 기능하여야 하는 일이기 때문입니다. 따라서 말 장애를 가진 아이는 각 기관이 제대로 기능할 수 있도록 신체 기능 향상을 위한 훈련을 통해 제대로 발음하고 발화할 수 있도록 도와주는 것이 좋습니다.

우리가 걱정하는 것은 언어 장애일 경우입니다. 언어 장애는 언어 발달이 지연되어 아이의 연령에 적합한 언어 구사가 이루어지지 않는 경우에 해당합니다. 사람들과의 의사소통을 위해서는 언어적 상호작용이 매우 중요한데 언어적 이해가 제대로 이루어지지 않으면 제대로 의사소통을 할 수 없고, 더 나아가 사회성 발달 전체가 지연될 수 있습니다. 아이에게 언어 장애가 있는 것 같다고 판단된다면 전문가에게 진단을 받아볼 필요가 있습니다.

언어 장애에는 여러 가지 하위 유형이 존재하는데, 그중 대표적인 것은 말을 더듬는 증상입니다. 말더듬증은 말을 이해하는 것에는 문제가 없지만 언어로 표현하는 과정에 문제가 있는 경우에 해당합니다. 이 증상은 대개 만 2세~만 7세 정도의 시기에 많이 볼 수 있습니다. 말을 더듬는 것은 때로는 자신이 하고 싶은 말이 있지만 어휘력이 부족하거나 단어가 잘 생각나지 않아서 제대로 표현하지 못해 더듬게 되는 경우가 있고, 성격이 급해서 머리로 생각하는 것은 많은데 그것을 표현하는 과정에서 말이 생각의 속도를 따라가지 못해 더듬게 되는 경우도 있습니다. 이런 경우는 훈련을 통해 개선될 수 있기 때문에 부모가 적극적으로 개입하고 도움을 주는 것이 좋습니다. 그 방법 중 한 가지는 아이가 어휘력을 기를 수 있도록 하는 것입니다. 예를 들면 끝말잇기나 초성퀴즈 같은 놀이를 통해 아이가 어휘력과 순발력을 기를 수 있도록 할 수 있습니다.

한편, 말더듬증이 심각할 경우는 유전적 요인을 의심해 볼 수 있습니다. 앞서 언급한 바와 같이 말을 한다는 것은 발성기관과 신체기관의 많은 부분이 함께 원활히 기능할 때 가능합니다. 그런데 유전적 요인에 의해 이러한 것이 원활히 이루어지지 않아 발생하는 말더듬증은 전문가의 진단을 통해 증상을 개선할 수 있도록 하는 것이 좋습니다. 말더듬증은 단순히 말을 더듬는 것에 국한되지 않고 불안 증상이나 긴장성 행동(예: 주먹 꼭 쥐기, 숨 크게 몰아쉬기)과 같은 증상을 동반하는 경우가 많아서 반드시 개선을 위한 노력이 필요합니다.

말더듬증의 발생 비율은 0.5% 정도로 약 200명 중 한 명의 비율로 나타나며, 여자아이에 비해 남자아이에게서 훨씬 더 높은 비율로 발생합니다. 만 2세에서 7세에 이르는 기간 중에 나타나는 말더듬이 증상은 대부분 잠시 나타났다가 시간이 지나고 다른 영역의 발달이 균형 있게 이루어지면서 차츰 사라지게 되는 경우가 많기 때문에 특별한 치료를 요하지 않는 경우가 대부분입니다. 그러나 아이가 자신의 증상을 지나치게 걱정하고 의식하다 보면, 오히려 고착되는 경우도 있기 때문에 증상에 따라 반드시 별도의 교정 및 치료가 필요합니다.

언어 장애의 또 다른 유형으로는 조음 장애가 있습니다. 이는 발음에 문제가 있어서 언어적 소통이 어려운 경우에 해당합니다. 발음이 제대로 이루어지기 위해서는 자음과 모음의 조합이 필요한데, 자음의 발음은 완성되기까지 시간이 필요합니다. 만 3세 무렵의 아이들은 흔히 '혀 짧은 소리'라고 표현되는 발음을 하는 경우가 대부분입니다. 집에 가자고 할 때 가자는 말을 '가다'로 들리게 발음하는 경우는 이 시기의 아이에게 흔히 볼 수 있는 현상입니다. 그러므로 아이들의 발음을 일일이 교정해주려고 시도할 필요는 없습니다. 그럼 아이들은 오히려 스트레스를 받고 자신의 발음이 이상하다고 생각하여 말을 잘 안하려고 할 수도 있습니다. 다만 문제가 일정 연령에 이르도록 개선되지 않은 채 지속된다면 전문가를 통해 진단을 받아보고, 필요한 경우 치료를 통해 증상이 개선되도록 하는 것이 중요합니다.

우리 아이가 발달 시기에 맞춰 언어적 발달이 제대로 이루어지는지를 점검해볼 수 있는 체크리스트가 있으니 한 번 체크해 보시기 바랍니다.

〔언어 발달 문제 발견을 위한 체크리스트〕

- ☑ 만 2세가 되었는데 말을 하지 않는다.

- ☑ 만 3세가 지난 유아의 말을 거의 알아들을 수 없다.

- ☑ 만 3세가 되었는데도 아직 두세 낱말로 구성된 문장을 사용하지 않는다.

- ☑ 만 5세가 지났는데 낱말의 받침을 생략하거나 문장 구조에 문제가 있다.

- ☑ 만 5세가 지났는데 말의 속도, 억양이 비정상적이다.

- ☑ 만 6세가 지났는데 말이 유창하지 못하다.

(출처:《발달심리학》2판, 신명희 외(2017))

* 해당 연령의 아이가 체크리스트의 항목 중 한 가지 이상 해당된다면, 언어 발달 지체를 의심할 수 있습니다. 이런 경우 전문가의 진단을 고려해 볼 필요가 있습니다. 다만, 의심의 소지가 있는 것이지 반드시 언어 발달 지체를 의미하는 것은 아니라는 점을 유념해주시기 바랍니다.

3장

아이는 경험을 통해 '자기주도성'을 갖는다

| 자아의 발견 |

자존감이
높은 아이

자기존중감

　　　　　　자기 자신의 장점과 단점에 대
해 잘 알고 있어서 어떤 점을 어떻게 보완해야 하며 장점을 어
떻게 극대화할 수 있는지에 대해 깊이 생각하고 행동하는 사람
은 아마도 많은 이들에게 '괜찮은 사람'이라는 평판을 들을 가능
성이 큽니다. 이처럼 자신이 어떤 특성을 가진 사람인지 이해하
는 자기개념을 넘어서 자기가 가진 특성들을 객관적으로 평가
할 수 있는 감각이 바로 자기존중감입니다. 한마디로 자기존중

감이란, 평가적 측면에서의 자기개념 감각이라고 할 수 있으며 이를 간단히 '자존감'이라고 표현합니다.

자존감이 높은 아이들은 대체로 자신을 있는 그대로 받아들이며 약점 또한 잘 알고 있지만, 그것을 부정하려 하거나 부끄럽게 여기기보다는 극복하기 위해 노력을 기울이는 경향이 있습니다. 전반적으로 자신에 대해 긍정적으로 인식하고 있다는 것이죠. 반면 자존감이 낮은 아이들은 자신의 장점보다 약점에 대해 더 많이 의식하고 이를 극복하려 하기보다 그 약점에 의해 위축되는 경향이 있습니다. 전반적으로 자신에 대해 부정적으로 인식하고 있습니다. 자기 자신에 대한 인식과 자신의 유능성에 대한 평가는 자아(Self)의 가장 중요한 측면입니다. 자존감은 그 사람의 행동과 심리적 안녕감의 여러 측면에 영향을 미치는 중요한 속성입니다. 그럼 언제부터 아이들에게 자존감이 생겨날까요? 또한 어떤 요인들이 아이들이 긍정적인 자존감을 형성하는 데 영향을 미칠까요?

자존감의 발달은 매우 일찍부터 나타나는 것으로 보입니다. 만 2세 정도의 아이도 자신이 퍼즐 맞추기나 블록쌓기와 같은 과제를 완성했을 때 '엄마, 이것 좀 보세요! 내가 다 했어요!'라고 하면서 자신이 성취한 것을 매우 뿌듯해합니다. 반면 실패했을 때는 얼굴을 찡그리면서 불편한 감정을 드러냅니다. 이런 표현을 통해 자신에 대한 평가는 만 2세 무렵부터 이루어진다는 것을 알 수 있습니다. 만 3세 이후 아이들은 자신에 대한 평가가 더욱 분화되고 정교화되는 경향이 있습니다. 만 4세 무렵이 되면 어린이집이나 유치원에서 다양한 활동에 참여하면서 자신이 과제를 잘 수행해내는 아이인지 그렇지 않은지, 또 자신이 인기가 많은지, 잘 생겼는지 등 스스로에 대해 다각적으로 인식하게 됩니다. 연구를 통해 밝혀진 바에 의하면 이 시기의 아이들은 스스로에 대해, 교사나 또래 친구들이 평가하는 것의 중간 정도의 평가를 하고 있는 것으로 나타났습니다. 즉 만 4~5세 무렵의 아이들이 자신에 대해 평가하는 것은 생각보다 상당히 객관적이라는 것을 알 수 있습니다.

자존감의 기원은 어디에서 찾을 수 있을까요? 긍정적이고 높은 자존감에 영향을 주는 요인은 여러 가지가 있겠지만 가장 중요한 원인 중의 하나는 영아기 동안 형성되는 주 양육자와의 '안전 애착'에서 찾을 수 있습니다. 안전 애착이란, 아이가 자신의 주 양육자(주로 엄마)와 신뢰감 있는 관계를 맺는다는 것으로, 이를 통해 주 양육자뿐만 아니라 더 나아가서 인간에 대해 기본적인 신뢰감을 갖게 됩니다. 따라서 안전 애착을 형성한 아이들은 사회적 상호작용을 할 때 타인에 대한 신뢰감과 더불어 긍정적인 '인상 형성'을 하게 되며, 자신에 대해서도 긍정적인 자아상을 갖게 됩니다. 실제 많은 연구 결과를 통해서 엄마와의 안전한 애착을 형성했던 아이들은 불안전 애착 형성 아동에 비해 자신에 대해 더 우호적인 평가를 하고 있는 것으로 나타났습니다. 또한 아이가 엄마와 아빠 양쪽 모두에 대해 안전 관계를 형성한 경우, 부모 중 한 사람에 대해서만 안전 애착된 아이보다 더 높은 자존감 수준을 보였으며 이후 아동기, 청소년기를 거칠 때까지 4~5세 무렵의 자존감 수준이 비슷하게 유지되는 것으로 나타났습니다.

4세나 5세 무렵, 심지어는 이보다 더 일찍부터 아이들은 이미 상당히 의미 있는 초기 자존감을 갖게 됩니다. 그리고 이처럼 아동기에 형성된 높은 자존감은 긍정적으로 사회에 적응하는 데 필요한 중요한 요인이라 할 수 있습니다. 부모와의 애착 형성 외에도 과제 성취 능력, 사회적 능력, 운동 능력, 외모 등의 요인이 자존감에 영향을 주는 것으로 알려져 있습니다. 하지만 어린 시절 주 양육자와의 애착 유형이 매우 강력한 요인 중 하나로 밝혀지면서, 아이의 긍정적이며 높은 자존감에는 무엇보다 부모의 양육 방식이 가장 중요한 것으로 평가되고 있습니다. 자녀를 따뜻하게 지지해주면서도 명확한 행동 기준을 제시하고, 의견을 존중하며 온정적이고 민주적이면서 권위를 갖춘 태도로 양육하는 부모에게서 자란 아이들이 대체로 높은 자존감을 보여주는 것으로 나타났습니다.

아이에게 지나치게 허용적인 양육 방식은 의외로 자존감 발달에 좋지 않습니다. 아이를 지나치게 통제하려는 권위주의적 양육 행동 역시 마찬가지입니다. 이런 부모들은 자녀의 많은 문제에 대해 지나치게 도와주려 하거나 대신해서 결정을 내리는 방식으로 아이를 통제하기 때문에, 아이들이 자신의 능력에 회의감을 갖거나 무력감을 느끼게 만들 우려가 있습니다. 또한 권위주의적으로 양육할 경우, 자녀의 의견을 무시하거나 부정하는 경우가 많아 아이는 자신이 부적절한 존재라는 느낌을 갖게 될 수도 있습니다.

자녀에 관한 결정을 내릴 때 아이가 스스로 생각하는 바를 자유롭게 발언할 수 있도록 기다려주는 일은 사실 생각만큼 쉽지 않습니다. 그러나 자존감 높은 아이로 키우기 위해서 부모가 무엇을 해줄 수 있을지 신중하게 생각하며 훈육하려는 노력은 반드시 필요할 것입니다.

참을성 있는 아이는
특별해요

자기통제력의
발달

　　　　　　　　　심리학 실험 중에서 대중에게도

잘 알려진 '마시멜로 실험'이라는 것이 있습니다. 여러분도 들어

본 적이 있으신가요? 마시멜로 실험은 아주 간단하지만 아동발

달에 있어 매우 큰 시사점을 담고 있습니다.

　　1970년대에 미국의 스탠포드대학교 심리학과 교수였던

월터 미쎌(Walter Mischell) 교수와 그의 연구팀이 유치원에 재학

중인 만 4~6세의 아동을 대상으로 진행했던 실험입니다. 방법

은 아주 간단합니다. 실험실에 아이를 한 명씩 데리고 들어가서 마시멜로(또는 아이가 좋아하는 오레오 쿠키나 다른 과자) 한 개가 놓여진 접시를 보여주며, 선생님이 나갔다가 15분 후에 돌아올 때까지 먹지 않고 기다린다면 한 개를 더 주겠다고 말합니다. 그러고 나서 선생님이 실험실을 나간 후에 아이들이 어떻게 반응하는지를 관찰합니다. 어떤 아이는 기다리지 않고 선생님이 나가자마자 바로 마시멜로를 먹었고, 어떤 아이는 선생님이 돌아올 때까지 기다렸다가 한 개를 더 받아 2개를 먹었습니다. 또 다른 아이들은 기다리다가 15분을 다 참지 못하고 먼저 먹어버리기도 했습니다. 이 실험의 핵심은 후속 연구에서 볼 수 있습니다. 연구자들은 15년 후에 동일한 참가자들을 대상으로 후속 연구를 진행했습니다. 그 결과, 실험에서 15분을 인내하고 유혹을 견디며 참아냈던 아이들의 청소년기 학업 성적(SAT)이, 그렇지 않았던 아이들에 비해 더 우수했으며 여러 가지 좌절 상황이나 스트레스를 견디는 힘도 더 강한 것으로 나타났습니다. 이후 몇 번의 후속 연구를 추가로 진행하여 그 결과를 거듭 증명했습니다. 연구자들은 이러한 일련의 연구 결과들을 토대로, 충동적인 감정을 견디고 그다음을 계획하는 사람들이 나중에 성인이 되어 성공할 확률이 더 크다고 주장했습니다.

　　마시멜로 실험의 결과는 특히 교육 현장과 아동발달 연구자들에게 많은 시사점을 던졌습니다. 아이들의 참을성은 결국 자기통제력을 의미하며, 궁극적으로 자기통제력이 높다는 것은 사회적 성공을 포함해 다양한 성취 영역에서 긍정적인 효과를 갖는다고 알려져 있습니다. 더 큰 만족을 위해 당장의 욕구를 참아낼 수 있는 능력이 사회적 성공과 연관된다는 것은 어찌 보면 누구나 예상할 수 있는 결과일 것입니다. 그럼 어떻게 하면 자기조절력, 자기통제력이 있는 아이로 키울 수 있을까요?

사실 자기통제력을 갖는다는 것은 어른들도 쉽지 않은 일입니다. 스스로를 자제하고 통제할 수 있다고 생각하지만 일상의 많은 순간에 자신과 타협하는 경우가 더 많습니다. 그러니 아이가 자기통제력을 갖출 수 있도록 양육한다는 것은 결코 쉬운일이 아닐 겁니다. 그러나 살아가면서 마주하게 되는 수많은 경쟁과 성취 지향의 사회에서 아이가 자제력을 적절히 발휘한다면 분명히 더 긍정적인 결과를 얻을 수 있겠지요. 그러니 아이가 자제력을 적절히 발휘할 수 있도록 보호자가 양육을 통해 훈련시켜주는 것이 중요합니다.

유난히 참을성이 부족한 아이도 있을 겁니다. 또 어떤 아이는 유난히 잘 참을 줄 압니다. 그러나 자기통제력, 자기조절력은 훈련을 통해 어느 정도 길러질 수 있기에 아이의 행동과 정서적 특징을 잘 파악하고 평소 아이의 생활 습관 등을 잘 체크해 보면서 자제력이 부족하진 않은지, 어떻게 하면 좀 더 보완할 수 있는지 주의 깊게 살펴보는 것이 중요합니다.

자신이 원하는 것이 즉각적으로 해결되지 않으면 바로 화를 내거나 그 자리에서 꼼짝도 않고 소리를 지르며 떼를 쓰는 아이는, 정서적으로 행동적으로 자제력이 부족한 것입니다. 자제력이 부족한 아이에게 무조건 참으라고 하는 것은 효과가 없습니다. 아이가 기다리는 시간 동안 다른 것에 주의를 돌릴 수 있도록 유도하는 것이 더 효과적입니다. 마시멜로 실험에서도 아이들을 그냥 기다리게 하기보다는, 노래를 부르게 하거나 간단한 율동을 하게 하는 것처럼 다른 것에 신경을 쓰게 해서 기다리는 지루함을 덜 수 있도록 한 경우에 대부분의 아이가 더 잘 참을 수 있었습니다. 이처럼 대안적 행동을 통해 참을성을 기르도록 훈련하는 것을 '행동적 대안'이라고 하는데, 이는 나이가 어릴수록 더 효과적입니다. 만일 아이가 5세를 넘었다면, 행동적 대안 전략 외에 다른 방법을 함께 사용해 볼 것을 권합니다. 다른 방법이란 인지적, 언어적 대안 전략입니다. 지금 당장 하고 싶은 일을 참고 기다렸을 때 나중에 얻게 될 더 큰 만족감이나 보상에 대해 설명하고, 그것을 상상해 보도록 하는 것입니다. 이때 아이가 구체적인 상상이 가능하도록 대안도 구체적으로 주어져야 합니다.

아이들의 자제력이 적용되는 대표적인 예로 TV나 동영상 시청을 들 수 있습니다. '이것만 보고 TV 끄자' 약속해놓고도 아이는 좀처럼 약속을 지키지 못합니다. 이럴 때 주의해야 할 것 중 하나가 부모가 TV를 꺼버리는 행동입니다. 부모 입장에서는 아이가 약속을 지키지 않았으니 강제로 상황을 종료해야 한다는 생각에 TV를 끄는 것이지만, 이렇게 되면 아이는 스스로 자신을 조절할 수 있는 기회를 빼앗기게 됩니다. 이럴 경우 부모는 아이가 자신의 손으로 TV를 끌 수 있도록 유도해주어야 합니다. 예를 들어, '우리 ○○이는 약속을 잘 지키는 착한 아이지? 약속 시간이 지났으니 이제 TV는 그만 볼까?'와 같은 말로 설득해 아이가 스스로 약속을 지키도록 해야 합니다. 아이가 스스로 규칙을 잘 지키는 사람으로서 뿌듯함을 느낄 수 있도록 훈련시키는 것입니다.

참을성, 자제력, 자기통제력, 이 모든 것은 본질적으로 내적인 동기에 의해 스스로 이루어질 때 의미 있는 것이지만, 저절로 생기기는 어려운 것이기도 합니다. 양육과 훈련에 의해 후천적으로 길러줘야 합니다. 따라서 규칙을 지키는 일 자체보다는 그것을 아이가 스스로 따를 수 있도록 연습할 기회를 만들어주는 것이 양육의 목표가 되어야 할 것입니다.

다른 사람의 마음을
헤아릴 줄 아는 아이

마음이론

심리학은 어떤 학문일까요? 심리학(心理學)이라는 단어의 뜻을 생각해 보면 '마음의 이치에 관한 학문'이라고 풀이할 수 있습니다. 여기서의 '마음'은 심리학의 핵심 주제이며 우리가 많이 사용하는 단어이면서 동시에 매우 포괄적인 의미로 사용될 수 있는 말입니다. 그럼 내 마음을 안다는 것은 어떤 뜻일까요? 마음이라는 말은 생각, 감정, 사고, 동기, 행동, 기억, 지각, 감각, 수면, 일상 활동 등 심리학에서 다루고 있는 인간의 전반적 속성을 모두 포함하고 있습니다. 내 마음을 읽는다는 것은 내 생각을 알아야 한다는 의미일 수도 있고, 내 감정을 제대로 알아내야 한다는 의미도 있습니다. 생각과 감정이란 말은 이성과 감성에 대한 대조적인 개념일 것 같지만 실은 서로 맞물려 있어서 상호보완적 작용을 통해 우리의 행동을 결정하게 됩니다. 그런 의미에서 '마음을 읽는다'는 것은 인간의 본성을 이해할 수 있다는 것을 의미합니다. 그렇다면 과연 아이들은 언제부터 자신과 타인의 마음을 읽을 수 있을까요? 인지적으로 충분히 발달하고, 신체적 발달을 통해 자신의 신체와 사고에 대한 인식이 분명히 생겨나기 시작할 때 비로소 사람의 마음을 읽을 수 있을 것입니다.

심리학에서는 우리가 흔히 마음이라고 말하는 것을 연구 주제로 삼고 있으며, 심리학적 관점으로 마음을 정의하면 '정신 과정'이라고 할 수 있습니다. 그리고 자신과 타인의 정신 과정에 대해 자각하는 것을 '마음이론'이라고 합니다. 그렇다면 아이의 마음이론은 언제부터 발달하며 어떤 경로를 거치면서 어떻게 발달하는 것일까요? 아이들은 매우 어린 나이부터 인간 마음의 본질에 관해 호기심을 갖는 것으로 알려졌습니다. 마음이론에 관한 연구를 주제로 하는 학자들은 아동에 대해 정의하기를 '생각, 감정과 같이 사람들이 표현하는 것들을 설명, 예측, 이해하려고 노력하는 사색가(thinker)'라고 말합니다. 아이들은 얼마나 어린 나이부터 그러한 사고를 하기 시작하는 걸까요? 아이들은 정말 마음이론을 가지고 사람에 대해 이해하려고 하는 것일까요? 여전히 의문이기는 하지만, 자기 나이에 알맞은 마음이론을 펼치며 사람들과 상호작용을 하는 일은 매우 어린 나이일 때부터 시작된다는 것이 증명되었습니다.

마음이론 연구에 따르면, 이미 만 2~3세 무렵의 아이들은 자신의 인지적 구조에 맞추어 사람들에 대한 마음이론을 펼친다는 것을 알 수 있습니다. 이 시기 아이들은 3가지의 정신적 단계를 이해할 수 있다고 알려져 있습니다. 첫 번째는 지각적 이해입니다. 아이는 누군가가 자신의 눈앞에 있을 때 그 존재를 인식할 수 있습니다. 즉, 시각적으로 보고 그에 대해 지각하는 것입니다. 하지만 아직 상대방의 관점은 잘 이해하지 못하기에 그 사람의 눈에도 자신이 보인다는 것에 대해서는 제대로 인지하지 못하기도 합니다. 두 번째는 정서적 이해입니다. 이 시기의 아이들은 좋은 느낌과 나쁜 느낌을 구분합니다. 즉 긍정적 정서와 부정적 정서 간의 차이를 구별할 수 있습니다. 따라서 자신의 기분이 좋지 않다는 것을 표현할 수 있습니다. 세 번째는 소망에 관한 이해입니다. 누군가 어떤 것을 원한다면 그것을 가지려 한다는 것을 이해할 수 있습니다. 만 3세 무렵이 되면 자신이 원하는 것이 무엇인지 표현할 수 있으며, '나는 ○○를 원해요'라고 말하기도 합니다.

아이가 만 4~5세 무렵이 되면 자신이 처한 상황이나 사건, 대상에 대해 정확하게(또는 부정확하게라도) 구체적으로 표현할 수 있습니다. 자신이 보고 들은 것, 경험한 것을 마음속에 떠올리고 묘사할 수 있습니다. 또한 이 무렵에 아이는 사람들이 진실이 아닌 믿음, 즉 '거짓믿음'을 가질 수 있다는 것을 알게 됩니다. 객관적 사실과는 다른, 자신의 주관에 따른 결정을 내리는 것이 바로 거짓믿음에 따른 결정과 행동입니다. 그런데 만 5세 정도의 아이들은 자신이 거짓믿음을 가질 수 있듯이 다른 사람들도 거짓믿음을 가질 수 있고, 따라서 그들의 행동 역시 거짓믿음에 기반을 두고 이루어질 수 있다는 것에 대한 이해가 있습니다. 하지만 만 3세의 아이들은 이러한 거짓믿음에 대한 이해가 아직 부족합니다. 3세~5세의 아이들에게 친숙한 젤리곰 상자를 보여주며 이 안에 무엇이 들어 있는지 맞춰보라고 하면, 아이들은 모두 젤리곰이 들어 있다고 대답합니다. 그런데 막상 열어보면 그 안에는 젤리곰 대신 장난감 곰돌이가 들어 있습니다. 상자 안을 확인한 아이들에게 이번에는 '네 친구에게 이 상자에 뭐가 들어 있는지 물어보면 뭐라고 대답할 것 같아?' 하고 물어보면, 5세 아이는 젤리곰이라고 대답하는 반면, 3세 아이는 장난감 곰돌이라고 말할 것 같다고 대답합니다. 실제 여러 문화권의 아이들을 대상으로 동일한 실험을 반복해 본 결과, 대부분의 문화권에서 3세와 5세 아이의 대답은 이와 동일한 양상을 보였습니다. 이를 통해 알 수 있는 것은 거짓믿음에 대한 마음이론이 3세에서 5세에 이르는 동안 향상된다는 것입니다. 이후 많은 후속 연구를 통해 아동의 마음이론에 관한 더 많은 발견들이 추가되었습니다. 마음이론의 발달은 3~5세 시기에만 이루어지는 것이 아니라 이후에도 지속적으로 진행되는 것이며, 이 시기에 나타나는 인지발달의 여러 특징들, 예컨대 상징의 사용이나 가상놀이 등의 경험이 아이의 마음이론 발달을 가속화시킨다는 것입니다. 마음이론은 학령기 동안에도 꾸준히 발달하며, 이때 아이의 특정 경험은 특히 타인의 생각에 대한 이해가 더 깊어지도록 하는 기능이 있는 것으로 밝혀졌습니다. 예를 들어 연극도 그러한 기능을 갖게 하는 경험 중 하나입니다. 학교를 다니는 동안 연극을 통해 특정 배역에 대한 연기를 경험했던 아이는, 음악이나 시각 예술 등의 다른 예술 교육을 받았던 또래들에 비해 다른 사람의 생각을 이해하는 데 있어 상대적으로 우월함을 보였습니다. 배역을 통해 다른 사람의 입장에서 생각해 보는 훈련이 이루어지는 것이 아마도 이러한 우월함의 요인이 되었을 것이라고 예측해 볼 수 있습니다. 그런 맥락에서 아이들이 소꿉놀이와 같은 역할놀이나 상징놀이를 하는 것은 다른 사람의 생각을 이해할 수 있는 좋은 기회라고 할 수 있습니다. 부모는 아이가 이 시기에 되도록 다양한 경험을 할 수 있도록 이끌어주고 함께 놀아주면서, 아이의 마음 이론이 활발히 발달할 수 있도록 도와주는 것이 좋습니다.

노력하는 아이
vs. 운이 좋은 아이

성취동기

          사람들은 누구나 살면서 수많은 시험을 치르게 됩니다. 그중엔 시험 결과가 마음에 들었던 적도 있고, 노력에 비해 결과가 좋지 않아 속상했던 순간도 있겠지요. 그리고 때때로 그 결과에 대해 스스로 평가해 보기도 합니다. 이번에 시험을 잘본 것은 내 노력의 결과인가, 아니면 운이 따라준 것인가. 실패의 경험에 대해서도 마찬가지입니다. 열심히 노력했지만 문제가 예상보다 너무 어려웠기 때문에 결과가 좋지 않았던 적도 있을 것이고, 시험 당일 컨디션이 너무 나빠 시험을 망쳤을 때도 있습니다. 이처럼 자신의 성취 결과에 대해 원인을 분석하고 찾아내려는 과정을 심리학에서는 '성취에 대한 귀인'이라고 합니다.

아이들 역시 그 시기에 수많은 도전 과제에 직면하게 되며 과제마다 고유의 성취를 위한 과정과 노력을 들입니다. 어떤 아이는 과제가 주어지면 어떻게든 자신이 해내야겠다고 생각하고 실제로도 잘할 수 있을 것이라 생각합니다. 반면 어떤 아이는 과제가 주어지면 자신이 잘 해낼 수 없을 것이라 생각해서 쉽게 포기하고 노력조차 하지 않는 경우도 있습니다. 과제를 잘 해내려는 마음은 성취동기와 관련됩니다. '성취동기'란, 과제가 주어지면 달성을 위해 노력하려는 마음에 해당합니다. 성취동기가 높은 아이는 좀 어려워보이는 과제도 피하지 않고 열심히 하려고 노력하며, 그 결과 과제를 잘 해내면 자신의 유능함에 대해 더욱 자신감을 갖게 됩니다. 이와 대조적으로, 성취동기가 낮은 아이는 도전적인 과제는 피하려 하고 이루어내려는 노력을 하지 않으며 그에 따라 결과의 완성도도 낮아지기 때문에 좀처럼 자신의 유능성에 대해 자신감을 갖기가 어려워집니다. 그렇다면 아이의 성취동기는 어떻게 높여줄 수 있을까요?

인간은 엄마 뱃속에서 나와 바깥세상과 만나는 순간부터

이 세상에 적응하며 살아가기 위한 나름의 생존 전략을 적용시키면서 자신의 인생을 살아나가게 됩니다. 그런 과정에서 만 2세가 되기 전 영아기에도 이미 다른 사람이나 외부 세계의 여러 대상에 대해 영향을 미치려는 동기가 생겨나는데, 이를 '숙달 동기(Mastery Motivation)'라고 합니다. 아이가 숙달 동기를 통해 자신을 둘러싼 세상에 적응하려는 예로는, 처음 보는 장난감을 이리저리 만져보며 그것을 조작해 보려고 하고 장난감이 제대로 작동하면 매우 기뻐하는 경우를 들 수 있습니다. 이 시기의 아이들은 스스로 무언가를 해내는 것을 기뻐하기는 하지만 다른 사람들에게 인정을 받으려 하거나 시선을 끌기 위한 의도를 가지고 있지는 않습니다. 또한 어떤 일을 하고자 시도했는데 그것이 제대로 안됐다고 해서 속상해하거나 괴로워하지 않고 목표를 바꾸어 다른 시도를 하려 합니다. 하지만 만 2세 무렵부터 걸음마기의 아이들은 자신이 어떤 일을 해내는 것에 대해 다른 사람들이 어떻게 반응하고 평가하는지를 인식하기 시작합니다. 그래서 이 시기의 아이들은 어떤 일을 잘 해내면 자신을 알아달라는 식의 반응을 합니다. 마치 '나 잘했죠?'라고 말하듯이 자주 미소 짓고, 머리를 들고 턱을 치켜드는 등 주변 사람들의 시선을 끄는 행동을 합니다. 성취동기에 대한 비약적 발달이 이루어지는 시기는 만 3세 무렵입니다. 이 시기에는 아이들이 객관적인 기준으로 자신을 평가하며, 자신이 잘하거나 잘하지 못했을 때 다른 사람들의 말에 의존하지 않습니다. 그리고 이 시기의 아이들은 자신의 성취에 대해 단순히 기뻐하는 것에서 더 나아가 진정한 자부심을 느끼며, 만약 어떤 과제를 실패한 후에는 단순히 실망하는 것을 넘어서 수치심을 느끼기도 합니다.

성취동기는 어떤 일을 완수해내고자 하는 동기로써 사회적으로 매우 중요한 동기 중 하나입니다. 성취동기가 높은 아이와 낮은 아이는 단지 어떤 일을 해낼 수 있느냐 없느냐 하는 개인차에 근거한 수행 차이만 보이는 것이 아니라, 학업 성취도에 있어서도 큰 차이를 보입니다. 많은 연구 결과가 일관되게 보여주는 것은, 성취동기가 높은 아이들은 낮은 아이들에 비해서 학교 성적이 더 우수하며 학업 성취도 또한 높다는 것입니다. 그렇기에 모든 종류의 과제를 다 잘해야 하는 것은 아니지만, 어떤 과제든 잘 해내야겠다는 마음을 갖는 것은 중요합니다. 그럼 그런 마음을 어떻게 갖게 할 수 있을까요?

성취동기를 갖게 하는 요인으로는 안전 애착, 도전적 자극이 충분히 제공되는 가정환경, 권위 있고 민주적인 양육 방식을 들 수 있습니다. 안전 애착은 성취동기뿐 아니라 아이의 사회성 발달 전반에 걸쳐 매우 중요한 요인입니다. 또한 아이에게 다양한 도전적 시도가 가능한 가정환경 역시 성취동기를 높이는 데 중요한 영향을 미칩니다. 새로운 장난감이나 도구를 조작해 볼 수 있는 기회가 많은 아이가 그렇지 않은 아이에 비해 과제에 대한 도전정신이 강합니다. 새로운 과제에 도전하려 할 때 그 과제가 어려워보이면 회피하려는 아이에게는 부모가 지지를 보내며 계속해서 도전할 수 있도록 격려해주어야 합니다. 이때 아이가 스스로 다양한 접근을 시도해 볼 수 있도록 독려하면서 안내자 역할을 잘해주어야 합니다. 아이가 다양한 방법을 시도해 봄에도 불구하고 문제가 쉽게 해결되지 않을 때는 부모가 도움을 주는 사람으로서 아이의 수준에 맞는 적절한 지원을 제공해주어야 합니다.

또한 아이가 성공했을 때는 아낌없이 칭찬하고, 실패했을 때에는 쉽게 비관하지 않도록 격려하는 것도 중요합니다. 이를 위해 아이에게 비판적인 평가를 하지 않도록 해야 하는 것은 물론입니다. 성공했을 때에도 아이의 능력이 뛰어나 잘했다는 식의 칭찬보다는, 열심히 노력하고 꾸준히 시도한 것에 대해 칭찬해주는 것이 좋습니다. 아이가 원래 유능하기 때문에 성공했다는 식의 피드백을 받게 되면, 실패한 경우에는 자신의 능력이 부족해서 그런 것으로 생각하고 더 이상 시도하지 않으려는 경향이 있습니다. 하지만 과정에 대해 독려받은 아이들은 실패의 경험에 대해서도 유연하게 반응합니다. 이번에는 실패했지만 다음에 더 노력하면 성공할 수 있을 것이라 생각하고 쉽게 포기하지 않습니다.

공감력과 이타심이
높은 아이

이타성 발달

미국의 아동문학가인 셸 실버스타인(Shel Silverstein)이 쓴 동화책 중에 《아낌없이 주는 나무》라는 책이 있습니다. 이 책의 주인공인 아이는 성장하면서 어린 시절부터 둘도 없는 친구로 지내온 나무와 점점 멀어져 갑니다. 가끔씩 나무를 보러 가지만 함께 놀자고 말하는 나무에게 아이는 이제 더 이상 예전처럼 놀아줄 수 없다고 말합니다. 그러나 나무는 아이가 필요한 것이 있을 때마다 자신의 나뭇가지, 열매 등을 모두 다 내어주며 도와줍니다. 결국 밑둥만 남은 나무는 이제는 노인이 된 아이가 찾아와 쉴 곳이 필요하다고 하자 자신의 그루터기에 앉아 쉬라고 말합니다. 그리고 마지막 문장은 이렇게 끝이 납니다. '나무는 처음부터 끝까지 행복했다.'

아낌없이 주는 나무는 자식을 위해 어떤 것이든 아낌없이 내어주는 부모를 비유한 것이라는 견해가 있습니다. 나는 아이에게 정말 아낌없이 모든 걸 내어주고 있는 것일까요? 우리 아이도 자라면서 남을 위해 아낌없이 모든 것을 나눠주면서 행복하다고 느낀다면 부모로서 그 아이에 대해 어떤 생각이 들까요? 남에게 아무런 대가를 바라지 않고 아낌없이 주려는 마음은 정말 기특하고 거룩한 마음이라 생각하지만 누구나 쉽게 할 수 있는 행동은 아니라는 것 또한 잘 알고 있습니다. 우리가 그런 행동에 대해 매우 높은 가치를 두는 이유 또한 여기에 있겠지요.

대가를 바라지 않고 다른 사람의 이익을 위해 행동하려는 마음을 '이타성'이라 합니다. 그리고 이러한 이타성으로 타인의 이익을 위해 희생하는 행동을 '친사회적 행동'으로 분류합니다. 즉 타인의 복지에 대한 이기심 없는 관심이 이타심이며 이러한 마음을 가지고 누군가를 위로하거나 칭찬하고 협동하며 공유하는 것을 통해 다른 사람의 이로움을 추구하는 것은 친사회적 행동입니다. 이타심은 언제부터 어떻게 발달하는 것일까요? 많은 연구를 통해 입증된 사실은 이미 만 18개월 정도의 영아들도 주변의 동료 영아들에게 장난감을 나눠주거나, 걸레질이나 먼지털기처럼 가사일을 돕는 행동을 통해 엄마를 도와주려 한다는 것을 알 수 있습니다. 이런 결과는, 인간은 선천적으로 이타성이 내재되어 있는 것처럼 보이게도 합니다. 만 3세 무렵의 아이들은 옆에 있는 또래가 불편해하거나 고통받는 것처럼 보일 때 동정심과 연민을 보여주기도 합니다. 하지만 이 시기의 아이들은 자발적인 자기희생을 하는 것에는 아직 서툰 경향이 있습니다. 누군가가 '이것을 주지 않으면 난 너와 친구하지 않을 거야'와 같이 다소 위협적인 발언을 하면 그에 대한 대응으로 무언가를 나눠주거나 양보하는 등의 행동을 할 가능성이 높아지기는 하지만, 스스로 자기 것을 나누어주고 협동하거나 돕는 행동은 쉽게 나타나지 않습니다. 진정한 도움 행동과 이타적 의도의 친사회적 행동은 만 4~6세 무렵의 아이들에게서 본격적으로 나타나게 됩니다. 전 세계 여러 문화권에서 수행된 이타성과 친사회적 행동에 관한 연구들은, 다양한 형태의 친사회적 행동이 초등학교 시기부터 점점 더 보편화되고 더 나아가 청소년기에 이르러 더욱 커진다고 보고하고 있습니다. 따라서 친사회적 행동과 이타성은 연령이 높아질수록 더욱 안정적으로 발달한다고 볼 수 있습니다.

이타성과 친사회적 행동이 발달하는 데 영향을 주는 요인으로는 크게 4가지가 있습니다. 인지적 요인, 정서적 요인, 사회적 요인, 문화적 요인입니다. 인지적 요인은 아이의 인지적 발달 수준을 말합니다. 2~3세 아이의 제한적 이타성과 4세 이후 아이의 자발적 이타성은 바로 이 시기 아이들의 인지적 발달 수준의 시기적 차이에 기인합니다. 또한 이 시기의 아이들보다 초등학교 시기의 아이들에게서 이타성이 보다 보편적으로 나타나는 것은 이 시기에 상대방의 입장을 추론할 수 있는 능력이 더 구체화되기 때문입니다. 이타성이나 친사회적 행동은 이처럼 인지적 발달과 밀접히 관련되어 있는데, 이는 타인의 입장을 고려할 수 있는 '친사회적 도덕 추론'이 이타성의 핵심이기 때문입니다. 자신에게 희생이 따른다는 것이 분명한 상황에서도 다른 사람을 돕거나 배려할 것인지를 결정할 때 하는 생각이 바로 친사회적 도덕 추론입니다. 연구에 따르면, 전조작기에 해당하는 3~7세 무렵의 아이들은 친사회적 도덕 추론에 있어 아직은 다소 이기적인 경향이 있습니다. 그리고 이러한 경향은 다음에 말하고자 하는 공감 능력과도 연관이 있습니다.

이타성과 친사회적 행동에 영향을 주는 정서적 요인이 바로 '공감'인데요. 공감은 말 그대로 타인의 감정을 헤아려 경험하는 능력입니다. 비록 만 2~3세경의 아이들이 또래 친구들의 고통을 인식하고 반응한다 하더라도 진정으로 타인의 입장에서 이해하고 공감하는 것이라고 보기는 어렵습니다. 공감 능력이 향상될수록 친사회적 추론 역시 성숙하게 되며 조건 없는 이타성이 발달하게 됩니다. 그러니 아이의 공감 능력이 향상되도록 양육한다면 이타성 또한 높은 사람으로 성장할 수 있을 것입니다. 그런 점에서 부모의 양육 행동은 이타성 발달에 아주 중요한 역할을 하는 사회적 요인이라 할 수 있습니다. 실제 연구 결과에서도 아이가 좋아하고 존경하는 어른이 아이의 친절한 행동에 대해 잘했다고 칭찬하는 등의 격려의 말로 친사회적 행동을 증진시킬 수 있다는 것이 입증되었습니다. 아이가 바람직하지 않은 행동을 하거나 남에게 해로운 행동을 할 때, 그 행동은 잘못된 것이니 하지 말라고 직접적으로 지적하고 행동을 강제하기보다는, 그런 행동을 하면 상대방이 곤란해지고 피해를 볼 수 있다고 가르쳐 주면서, 상대방에게 도움이 되는 행동이 보다 바람직한 것이라는 정서적 설명을 해주는 방식이 더 유용합니다. 실제 연구 결과를 통해서도 부모가 아이의 정서를 자극하고 이끌어갈 때 동정심이나 공감 능력을 끌어낼 수 있다는 사실이 밝혀졌습니다.

어른이 아이들에게 친사회적 행동에 대한 모범을 보이는 것 또한 아이의 이타성을 강화하고 친사회적 행동을 학습하도록 하는 좋은 방법입니다. 더불어 아이들의 친사회적 행동에 대해 물질적 보상을 하는 것은 전혀 도움이 되지 않는다는 것도 기억해야 합니다. 아이의 친사회적 행동에는 칭찬이나 격려와 같은 언어적 보상을 주고, 타인을 배려하고 도움을 주는 롤모델을 관찰하게 하는 것을 통해 아이가 이타적인 자아를 키워나갈 수 있도록 훈육하는 것이 좋습니다.

아이 스스로 옳고 그름을
판단할 수 있을까요?

도덕성 발달

엄마가 잠시 집 앞 슈퍼에 장보러 나간 사이에 미처 설거지를 못하고 놓아둔 다섯 개의 컵을 발견한 아이가 엄마를 도와드리고 싶은 마음에 설거지를 시도하다가 실수로 컵을 모두 깨뜨렸습니다. 또 다른 아이는 엄마가 잠시 외출한 사이 몰래 과자를 먹으려고 찬장 위의 과자상자를 꺼내다 떨어뜨리면서 컵 하나를 깨뜨렸습니다. 엄마를 도와주려다 다섯 개의 컵을 깨뜨린 아이와, 엄마 몰래 과자를 먹으려다

한 개의 컵을 깬 아이 중 누가 더 잘못했을까요? 위의 질문을 우리 아이에게 했을 때는 누가 더 잘못했다고 대답할까요?

이 질문에 아이가 뭐라고 답했을지 예상하려면 먼저 이 시기 아이의 도덕성 발달에 대한 이해가 필요합니다. 도덕성이란 옳고 그름에 대한 판단과 연결되어 있습니다. 그런 점에서 도덕성 발달은 인지 발달과 매우 밀접한 연관이 있습니다. 그러나 인지 발달 외에도 정서적, 사회적 발달과도 연관이 있습니다. 도덕성은 저절로 생겨나고 발달하는 것이 아니라 인지적, 사회적, 정서적 측면의 균형 있는 발달에 기초한다는 것입니다. 무엇이 잘한 일이고 무엇이 잘못한 일인지 시시비비를 가리는 일은, 우리 사회의 규범을 지키고 개인의 양심에 따라 실천을 하는 데 있어서 아주 중요한 기능을 합니다.

신생아기부터 만 2세 무렵까지의 시기는 아직 도덕성이 제대로 발달하지 않은 무도덕 개념의 시기에 해당합니다. 이 시기는 말 그대로 도덕성에 대한 개념이 전혀 없다고 볼 수 있으며 본능대로 행동하는 시기입니다. 그러니 이 시기의 아이들에게는 아무리 눈높이에 맞춘 설명을 하려고 해도 아무 소용이 없습니다. 설명보다는 '그러면 안 돼!' 또는 '그러면 맴매하는 거야'라는 식으로 간단명료한 훈육이 효과적인 시기입니다.

만 2~3세부터 만 7세까지의 학령전 아동기는 드디어 도덕성이라는 개념이 내재화되는 시기라고 할 수 있습니다. 이 시기에 아이들은 인지 발달이 활발히 이루어지면서 해야 되는 행동과 하지 말아야 하는 행동을 구분하게 됩니다. 그리고 규칙에 대한 개념도 생겨나게 됩니다. 만 3세 무렵에는 규칙은 매우 권위 있는 누군가에 의해 만들어지는 것이라고 믿으며, 따라서 반드시 지켜야 하는 것이라고 인식하기 시작합니다. 그래서 이 시기의 도덕성을 '절대주의적 도덕성'이라고 합니다. 이전까지는 부모나 선생님과 같은 어른들이 '안 돼', '하지 마' 등 일일이 행동에 규제를 가해야 했다면, 이 시기에는 내면적 기준이 자리 잡게 되어 해도 되는 행동과 하면 안 되는 행동을 스스로 구분할 수 있게 됩니다.

아이에게 규칙을 지켜야 한다는 신념이 생기는 것은 좋으나, 그 규칙을 지나치게 절대적인 기준으로 삼게 되어 불가피한 상황에서 융통성을 발휘하지 못한다는 한계도 갖습니다. 만 3~4세 무렵의 아이들은 규칙을 어긴다는 것은 큰 벌을 받을 수 있는 매우 잘못된 행동이라고 여기는 경향이 있고 규칙이란 절대로 변할 수 없는 것이라고 생각합니다. 그렇기 때문에 행동의 의도나 과정에 대한 고려는 없으며 오로지 결과만으로 그 행동의 옳고 그름을 판단하는 경향이 있습니다.

앞서 컵을 깨뜨린 아이의 사례로 돌아가 보겠습니다. 과연

3~4세의 아이들은 엄마의 설거지를 도와주려다 다섯 개의 컵을 깨뜨린 아이와, 몰래 과자를 꺼내 먹으려다 한 개의 컵을 깬 아이 중 누가 더 잘못했다고 생각할까요? 앞서 말했듯 이 시기의 아이들은 규칙이란 절대적인 것이고, 행동의 의도보다는 결과를 더 중요한 판단 기준으로 보기 때문에 이러한 경우에 다섯 개의 컵을 깨뜨린 아이가 더 잘못한 거라고 생각할 겁니다. 이처럼 결과를 중시하는 도덕적 판단 기준은 여러 상황에 대해 공통적으로 적용됩니다. 그래서 엄마가 하지 말라는 것을 하고 있는 형이나 오빠, 언니, 누나를 보면 엄마에게 고자질을 하기도 합니다. 이는 이 시기 아이들의 자연스런 특징이라고 할 수 있습니다. 이렇듯 눈에 보이는 결과만으로 잘잘못을 가리게 되는 것은 이 시기 아이의 인지 발달 특성 중 하나인 직관적 사고와도 연관됩니다. 그렇기에 도덕 발달이란 인지 발달과 매우 밀접하게 맞물려 있으며 인지 발달이 성숙해감에 따라 도덕성 발달 역시 진전을 이루게 되는 것입니다. 그런 점에서 3세 무렵의 아이들과 5세 무렵의 아이들은 절대적 도덕 발달의 시기에 처한 것은 공통적이지만, 질적인 측면에서 약간의 차이가 있습니다. 5세 무렵이 되면 공정성과 불공평에 대한 개념이 생기기 시작하면서 부당한 일을 당했을 때 억울하다는 생각을 하게 됩니다. 하지만 입학 전까지의 발달 시기 동안, 아이들은 대체로 의도보다는 결과를 중

시하는 기준에 따라 행동의 결과가 칭찬받을 만한 일인지 혼날 만한 일인지를 생각해 보고 혼날 행동을 억제하는 쪽으로 도덕 판단을 하게 됩니다. 이 시기는 인지 발달적으로도 아직은 논리 적인 사고를 못하는 시기여서 전후 맥락에 대해 충분히 고려하 지 못하고, 상대방에 대한 배려와 공감 또한 제대로 이루어지지 않기 때문에 오로지 결과만으로 판단하는 도덕성을 보이는 시 기입니다. 그렇기 때문에 부모는 훈육을 통해 아이에게 적합한 도덕성을 길러주는 것이 좋습니다. 부모가 제시하는 그 기준이 이후 인지 발달과 맞물려 내면화되면서 더욱 이타적이며 도덕 적인 아이로 성장하는 데 영향을 미친다는 사실을 기억해야 할 것입니다.

아이가 계속
혼잣말을 해요

혼잣말의 중요성

아이가 블록 맞추기 놀이를 하면서 계속 중얼거리고 있습니다. '여기는 파란색 조각이 필요한데…' 옆에서 퍼즐 맞추기를 하는 다른 또래 친구도 역시 중얼거리고 있습니다. '빨간색 조각이 있어야 지붕 위 굴뚝을 완성할 수 있는데…' 주변에서 쉽게 볼 수 있는 장면입니다. 그리고 어린아이에게서만 볼 수 있는 것도 아니지요. 바로 혼잣말 이야기입니다. 평소 어떤 일을 할 때 혼자 중얼거리며 혼잣말을 하던 경험은 누구나 있을 것입니다. 내가 지금 뭘 하려고 했지? 그걸 어디다 두었지? 등등 나도 모르게 혼잣말을 하면서 생각을 되짚어보거나 행동을 다잡게 됩니다. 혼잣말의 기능 중에는 자신의 행동에 대한 지시와 모니터링, 또는 다음 행동을 하기 위한 순서 제시와 같은 것이 포함됩니다. 그런 의미에서 아이의 혼잣말은 단순히 언어적 기능으로써만 중요한 의미를 지니는 것이 아니라, 자신의 행동에 대해 인식하고 통제하는 기능과 더불어 다른 사람과의 상호작용을 도모하기 위해 필요한 중요한 기술이 포함되어 있습니다.

혼잣말의 중요성을 강조한 사람은 러시아의 발달학자인 레프 비고츠키(Lev Vygotsky)입니다. 비고츠키는 아동의 언어 발달은 인지 발달에 있어 중요한 기능과 역할을 한다고 주장했습니다. 언어 발달이 인지 발달과 밀접한 연관이 있음은 누구나 알고 있는 사실입니다. 그런데 비고츠키의 주장은 인지 발달의 중요성을 주장한 피아제의 언어 발달에 대한 견해와는 다른 관점에서 중요한 의미를 지닙니다. 비고츠키에 따르면, 아이들에게 있어 언어는 기성세대나 아이가 속한 사회와 상호작용하여 사회적, 문화적 가치와 사고방식이 아이에게 전달되도록 하는 역할을 하는 데 그 첫 번째 기능이 있습니다. 언어의 두 번째 기능은 아이의 지적 적응을 위한 강력한 '도구'로써 역할하는 것입니다. 그런 점에서 단지 어휘의 증가와 문장 구사 수준으로 아이의 언어 발달 수준을 이해하는 것과는 다른 관점을 가지고 있습니다. 한편 피아제는, 아이의 언어 발달은 인지 발달 수준에 맞추어 이루어지는데, 학령전 아동기의 언어 특징 중 하나가 혼잣말이라고 합니다. 피아제가 학령전 아동기에 처한 아이들의 언어를 집중적으로 관찰한 결과, 이 시기의 아이들은 일상생활 속에서 자신의 활동을 마치 라이브 방송을 하듯이 일일이 혼잣말로 표현한다는 사실을 발견했습니다. 아이 두 명이 나란히 앉아 서로 대화를 나누는 것처럼 보일 때에도 사실은 각각 자신들만의 독백을 하고 있는 경우가 많다는 것입니다. 그래서 피아제는 이 시기 아이들의 혼잣말을 '자기중심적 언어(Egocentric Speech)'라고 명명했습니다.

자기중심적 언어는 말하는 대상이 지정된 것도 아니고 유의미한 방식으로 구성된 말도 아니기 때문에 듣는 사람이 잘 이해할 수 없다는 특징이 있습니다. 따라서 피아제는 이 시기 아이들의 혼잣말 사용이 인지 발달에 있어 큰 의미를 갖는 것은 아니라고 말합니다. 그러나 전조작기가 끝날 무렵이 되면 아이가 자아중심성에서 벗어나게 되면서 다른 사람의 관점으로 세상을 이해할 수 있는 능력이 생겨나고, 언어 사용에 있어서도 상대방이 알아들을 수 있는 방식으로 조절할 수 있게 되면서 본격적인 언어 발달이 이루어진다고 말합니다.

비고츠키는 피아제와는 다른 견해로 아이의 혼잣말의 중요성을 전합니다. 비고츠키에 따르면, 학령전 아동기의 아이가 하는 혼잣말은 '자기지향적 독백'이며, 이는 특정 맥락에서 보다 자주 나타난다고 합니다. 아이가 문제를 해결해야 하는 특정 과제에 직면하거나 중요한 목표를 달성하려고 할 때 특히 혼잣말이 늘어난다는 것입니다. 아이의 혼잣말은 다른 사람과 상호 소통을 하는 것이 아니라는 점에서 비사회적 언어라고 할 수 있지만 피아제가 주장한 것처럼 '자기중심적'이라고 보기는 어려우며, 오히려 의사소통적이라고 주장합니다. 아이는 혼잣말을 통해 문제 해결을 위한 전략을 세우고 자신의 행동을 조정함으로써 목표 달성의 가능성을 높이기 때문에 비록 다른 사람들과의 의사소통을 위한 사회적 언어가 아닌 것처럼 보일 수는 있지만 '자신을 위한 언어'이며, 목표 달성을 위해 스스로에게 의사소통적 기능을 하는 '사적 언어'라는 것입니다. 비고츠키는 바로 이러한 관점에서 볼 때 혼잣말은 인지 발달에 있어 결정적 역할을 한다고 말합니다.

피아제는 아이의 혼잣말은 자기중심적 언어로써 탈중심성이 나타나는 시기에 이르면 저절로 그 사용이 줄어든다고 보았지만, 비고츠키는 아이가 성장 발달함에 따라 사적 언어로써의 혼잣말의 형태가 바뀔 뿐 그 기능은 변하지 않는다고 말합니다. 만 4세의 아이가 혼잣말을 할 때는 전체 문장을 중얼거리지만 만 7세 무렵이 되면 짧게 중얼대거나 입술만 조금 움직이는 방식으로 표현 방법에 변화가 생깁니다. 그러나 이때 혼잣말 자체의 기능과 역할은 똑같이 작용한다는 주장입니다. 그러므로 아이의 사적 언어로써의 혼잣말은 '인지적 안내 체계'의 역할을 하며, 일상생활을 조직화하고 조정하기 위해 사용하는 내면적 언어로써 자신의 생각을 표현하는 것이라고 할 수 있습니다.

피아제의 주장과 비고츠키의 주장은 만 3세~7세 아이들의 언어와 혼잣말을 이해하는 데 있어 각각 나름대로의 가치가 있습니다. 그러나 최근의 여러 연구 결과를 토대로 이 시기 아이들의 혼잣말 사용에 대해서는 피아제보다 비고츠키의 주장에 더 많은 무게가 실리고 있습니다. 아이들이 쉬운 과제보다 어려운 과제에 직면했을 때 혼잣말을 더 많이 한다는 사실과 함께, 혼잣말로 자신에게 지시를 내린 후에 수행 능력이 향상되었다는 결과가 나왔기 때문입니다. 그러므로 혼잣말은 이 시기 아이의 지적 적응을 위한 중요한 기능을 한다고 말할 수 있겠습니다.

성적 호기심이 많은 아이,
어떻게 가르치나요?

아이가 '나는 이다음에 커서 엄마처럼(또는 아빠처럼) 될래요!'라고 한다면 부모 입장에서 어떤 기분이 들까요? 생각만으로도 너무 뿌듯할 것 같습니다. 그런데 아이의 이런 말에는 매우 중요한 심리학적 의미가 담겨 있습니다. 그것은 바로 '성역할 사회화'입니다.

3세~7세는 발달심리학적으로 매우 중요한 시기로, 변화가 많이 일어나는 때입니다. 이 시기의 아이들은 급성장하게 되면서 신체적 변화를 기초로 사회적, 정서적, 인지적인 변화를 겪으며 그에 따른 성장과 발달을 이루게 됩니다. 그중 하나가 자신의 성별에 대한 분명한 인식을 갖게 되는 '성정체감'의 발달입니다. 성정체감의 발달은 성역할 발달과 밀접히 관련되어 있습니다. 성역할이란, 남성 또는 여성의 생물학적 성별에 기초하여 사회적으로 부여되는 성별에 따른 사회적 역할을 의미합니다. 사회의 일원으로 성장하는 아이들에게 자연스럽고 건강한 성역할 사회화의 과정은 아이의 사회성 발달 측면에서 매우 중요합니다.

특히 만 3세부터 7세까지의 시기는 성역할 사회화가 이루어지는 데 있어 매우 중요한 시기입니다. 이 시기의 성역할 발달에 관한 심리학적 이론은 다양한 관점으로 설명할 수 있습니다. 정신분석학자인 지그문트 프로이트(Sigmund Freud)의 성격 발달 이론에 따르면, 만 3세부터 6~7세의 시기는 '남근기(Phallic Stage)'입니다. 이는 프로이트의 이론에서 3번째 단계에 해당하며 이 시기에 남자아이는 오이디푸스 콤플렉스(Oedipus Complex), 여자아이는 엘렉트라 콤플렉스(Electra Complex)를 경험하게 됩니다. 그리고 이를 통해 성역할 사회화가 이루어집니다. 이런 콤플렉스를 경험하는 것이 왜 성역할 사회화를 이루는 바탕이 될까요? 이를 알기 위해서는 프로이트의 성격 발달 이론을 좀 더 자세히 살펴보아야 합니다.

정신분석학자인 프로이트는 원래 정신과의사였습니다. 따라서 의학적 지식을 바탕으로 인간의 생물학적 기초를 인간 발달의 근원으로 보았습니다. 인간은 본능적인 존재이며 이러한 본능은 삶의 본능인 에로스(Eros)와 죽음의 본능인 타나토스(Thanatos)로 구분할 수 있다고 주장했습니다. 에로스는 인간의 생산적이며 미래지향적인 삶의 욕구가 분출되는 근원이며, 타나토스는 인간의 파괴적이고 악한 측면을 포함하는 욕구를 포함합니다. 인간은 이성적인 판단을 하는 존재인 동시에 무의식을 가지고 있어서 자신의 무의식에서는 에로스와 타나토스의 본능적 욕구가 인간을 매우 즉흥적이고 본능적인 존재로 만들지만, 우리의 자아와 이성을 통해 그리고 초자아의 양심을 통해 사회적 존재로서의 품격을 유지하고 있다는 것입니다. 하지만 우리 삶은 본능인 성적 욕망이 그 에너지의 원천이 되고, 인간은 발달해나감에 따라 삶의 에너지의 원천이 중요하게 작용하는 신체 부위가 달라지게 됩니다.

신생아기에는 삶의 에너지가 구강의 만족을 통해 이루어지게 되므로, 첫 번째 발달 단계의 명칭은 '구강기(Oral Stage)'라고 하였으며, 두 번째 단계는 '항문기(Anal Stage)', 세 번째 단계는 '남근기(Phallic Stage)', 네 번째 단계는 '잠재기(Latency)', 다섯 번째 단계는 '성기기(Genital Stage)'로 각각 명명하였습니다. 이 중 세 번째 단계인 남근기는 명칭에서 알 수 있듯 삶의 에너지의 근원이 인간의 생식기에 집중된 시기입니다. 이 시기에는 무의식적으로 성적 욕망이 매우 커집니다. 이 시기의 아이들은 부모를 통해 가장 먼저 이성을 접하게 되면서 자신과 반대 성의 부모에게 성적 욕망을 품게 됩니다. 즉 남자아이는 자신의 엄마를 대상으로, 여자아이는 아빠를 대상으로 성적 욕망을 갖게 되며, 이 욕망은 근친상간적이기 때문에 무의식에서 억누르게 됩니다. 이처럼 억눌린 욕망은 동성 부모를 향한 질투심과 증오가 되며, 이것이 바로 오이디푸스 또는 엘렉트라 콤플렉스가 되는 것입니다. 예를 들어 남자아이는 엄마에 대한 근친상간적 욕망을 갖게 되는데, 이때 엄마 옆에는 항상 아버지의 존재가 있어 엄마를 향한 자신의 욕망이 충족될 수 없으며, 그로 인해 아버지를 향한 질투심과 적개심을 갖게 된다는 것입니다. 하지만 아버지의 존재는 매우 강하고 굳건하기에 자신이 넘볼 수 있는 상대가 아니라는 것을 깨닫게 되고, 만약 자신의 욕망이 아버지에게 들킨다면 오히려 자기 존재가 위협당할 수도 있다는 불안에 이르게 됩니다. 이러한 불안을 프로이트는 '거세불안'이라고 명명하였습니다. 이러한 불안을 해소하기 위해 아이는 방어기제를 사용하게 되는데, 이때 사용하는 방어기제가 '동일시(Identification)'입니다. 동일시는 말 그대로 어떤 대상과 동일해지는 것을 의미합니다. 즉 남자아이는 아버지에 대해, 여자아이는 어머니에 대해 동일시하게 되면서 무의식적으로 '아빠처럼' 또는 '엄마처럼' 되고자 하는 욕구를 갖게 되고, 자연스럽게 자신의 성역할을 습득하게 됩니다. 엄마처럼 또는 아빠처럼 된다는 것은 엄마나 아빠의 말투, 걸음걸이와 같은 겉모습뿐만 아니라, 가치관, 철학, 신념 등의 추상적이고 무형적인 내면의 모습까지도 따라하게 된다는 것을 의미합니다. 성역할도 그런 동일시의 측면 중 하나에 해당하는 것이지요.

그럼 과연 우리 아이도 무의식적 성적 욕망이 생겨나고 동성 부모에 대한 질투심을 갖게 되는 것일까? 하는 의구심이 들수 있습니다. 이 시기의 아이들은 자신의 몸이 이성 친구와 어떻게 다른지 관심을 가지며 성적 호기심이 드러나는 질문을 자주 합니다. 또한 성적인 욕구를 어떤 식으로든 표출하기도 합니다. 간혹 이 시기의 아이가 자위행위를 하는 것을 목격한 부모가 놀라서 전문가를 찾아오기도 합니다. 이런 경우 많은 부모들이 당황하고, 때로는 아이를 심하게 혼내기도 합니다. 물론 지나친 성적 행동은 자제하도록 지도하는 것이 필요하지요. 그러나 이 시기에 성적 호기심이 많아지는 것은 발달의 한 과정이며 그것이 성적인 것에 지나친 관심을 보이는 비정상적인 발달로 이어지는 경우는 거의 없습니다. 오히려 아이가 그런 주제로 질문하거나 강한 호기심을 나타내는 것에 대해 심하게 야단치고 통제하려고 하는 것이 더 문제가 될 수 있습니다. 이 시기의 아이들이 성적 호기심을 갖는 것은 자연스러운 현상이며 초등학교에 가게 되면서 차츰 줄어들게 됩니다. 그러니 아이의 성적 호기심에 대해 최대한 자연스럽게 대해주는 것이 좋습니다. 또한 이 시기의 아이는 부모를 통해 자신의 성별에 적합한 성역할을 학습한다는 것을 항상 염두에 두고, 아이가 성역할에 대해 편견이나 고정관념을 갖게 되지 않도록 신경 쓸 필요가 있습니다.

성평등 교육도
필요합니다

　　5살 남자아이가 바비인형을 사달라고 합니다. 5살 여자아이가 로봇 장난감을 사달라고 조르고 있습니다. 당신이 보호자라면 어떻게 할 건가요?

　　어린이집에 다니는 6살 남자아이에게 분홍색 티셔츠를 입히려고 했더니, 여자아이가 입는 색깔이니 입지 않겠다고 말합니다. 이럴 때는 어떻게 해야 할까요?

　　'남자는 남자답게, 여자는 여자답게.' 이 말은 어찌 보면 당연하고 옳은 말인 것 같으면서도 한편으로는 지금과 같은 양성 평등 시대에 남자와 여자의 편 가르기처럼 느껴지는 시대착오적 발언으로 느껴지기도 합니다. 그러나 생물학적 성별이 구분되는 한 분명히 남자와 여자는 다르고, 이 같은 생물학적 차이로 인한 사회화 과정이 달리 적용되는 것도 분명한 현실입니다. 그러나 우리가 흔히 사용하는 '남자답게' 또는 '여자답게'라는 말 속에는 사회적인 성차별적 구분이 존재하는 경우가 대부분이므로 남자는 반드시 남자다움을 지녀야 한다거나 여자는 무조건 여자다움을 강요받아야 한다면 분명히 문제가 될 것입니다. 위 예시에서 분홍색 옷을 입지 않겠다는 아이는 왜 분홍색이 여성의 색이라고 생각했을까요? 그 답을 알기 위해서는 이 시기 아이들의 성 개념 발달 상황을 이해할 필요가 있습니다.

이 시기의 아이들은 자신이 누구인지 분명한 인식을 하게 되는 '정체감'이 발달함과 동시에 성정체감 또한 발달하여 자신이 남자인지 여자인지에 대해 명확한 인식을 하게 됩니다. 그러면서 부모와 또래 친구들을 통한 사회화 과정에서 여자로서, 남자로서 자신의 성별에 적합한 성역할 사회화 과정도 거치게 됩니다. 분홍색 옷을 입지 않겠다는 아이는 아마도 주변의 어른들이나 부모로부터 남자는 분홍색보다 파란색이 더 어울리는 것임을 은연중에 암시 받으면서 자랐을 가능성이 높고, 혹은 분홍색 옷을 입고 유치원에 갔을 때 주변 친구들로부터 여자아이 옷을 입고 왔다는 놀림을 받았을 가능성도 있을 수 있습니다. 그럼 그 친구들은 왜 그런 생각을 했을까요? 결국 그 아이들 역시 부모나 주변 어른들을 통해 남자다움, 여자다움에 대한 고정관념적 발언들을 보고 듣고 은연중에 실천하고 있었기 때문일 것입니다. 그럼 이런 고정관념은 왜 생겨나고 어떻게 하면 보다 균형 있는 성인지 감수성을 지닐 수 있을까요?

사람은 사춘기를 거치면서 성별에 따라 생물학적으로 성호르몬의 분비와 성적 기능이 달라지고, 그로 인해 남녀 간 외모와 기능에 있어 신체적 차이가 생깁니다. 하지만 여성이라고 해서 여성 호르몬만 분비되는 것은 아니고, 남성 역시 남성 호르몬만 분비되고 기능하는 것은 아닙니다. 여성이든 남성이든 누구나 남성 호르몬과 여성 호르몬을 둘 다 가지고 있고 그것들이 모두 기능하지만 사춘기 이후 남성은 남성 호르몬이, 여성은 여성 호르몬이 더 왕성한 작용을 함으로써 여성과 남성의 생물학적 구분이 뚜렷해지게 되는 것입니다. 그러므로 아직 사춘기에 이르지 않은 3세~7세의 아이들은 남성성과 여성성이 모두 내재되어 있습니다.

이 시기의 아이들은 비록 성정체감은 발달했어도 공고화되지는 않은 상태입니다. 그래서 자신이 남성인지 여성인지 구분할 수는 있지만, 남자가 치마를 입으면 여성이라고 생각하는 등의 인지의 오류도 보입니다. 이런 시기에 부모와 또래를 통한 사회화 과정에서 남자는 이래야 한다거나, 여자는 이런 행동을 하지 말아야 한다거나 하는 등의 성차별적 말이나 행동을 보고 들은 아이는 성역할에 대한 고정관념을 갖게 될 수 있습니다.

우리가 성별을 말할 때 생물학적 성별(Sex)과 다르게 사회적 의미에서의 성별은 젠더(Gender)라고 표기합니다. 젠더는 생물학적 성별에 사회문화적 여성성과 남성성이 더해진 개념으로, 자신이 속한 사회 속에서 역사적, 사회문화적으로 구성된 성을 지칭합니다. 국제보건기구인 WHO가 제시한 젠더의 정의는, '특정 사회에서 여자와 남자에게 적합하다고 여겨지는 사회적 역할, 행위, 활동, 자질'입니다. 그런데 사회적으로 적합하다고 여겨지는 것의 내용은 사실 고정관념적인 경우가 더 많습니다. 아이가 부주의해서 사고를 냈을 때, 남자아이에게는 '남자들은 원래 주의력이 부족해'라고 너그럽게 넘기면서 여자아이에게는 '여자가 그렇게 조심성이 없어서 어쩔래?'라는 식으로 차별적인 반응을 보이는 경우가 많습니다. 이런 식의 고정관념은 결국 편견을 야기하게 되고 더 나아가 남녀 차별적인 행동과 발언을 불러올 수 있습니다. 그렇다면 고정관념을 지양하기 위한 해결책은 무엇일까요? 그 답은 바로 '양성성'을 추구하는 것입니다.

분석심리학자인 칼 구스타프 융(Karl Gustav Jung)은 인간의 심리적 본성 안에 내재된 여성성과 남성성을 구분하여 각각 아니마(Anima)와 아니무스(Animus)라고 명명하였습니다. 남성 안에 존재하는 여성성은 아니마, 여성 안에 존재하는 남성성은 아니무스라고 합니다. 인간은 심리적으로 양성적인 측면을 지니고 있으며 생물학적으로도 남성 호르몬과 여성 호르몬이 공존하고 있습니다. 생물학적 성호르몬은 사춘기를 거치면서 자신의 성별에 따라 더 우세한 것이 드러나게 되지만, 심리적 양성성은 사회화 과정을 통해 균형 있게 발달할 수 있습니다. 그리고 심리적으로 이 두 개의 특성이 균형을 이룰 때 사회적으로 훨씬 더 유연한 사람으로 성장, 발달한다는 연구가 일관되게 나타나고 있습니다. 이 같은 결과는 양성성의 중요성을 말합니다.

　　융의 양성성 이론을 바탕으로 현대적인 심리적 양성성 개념을 체계화시킨 미국의 심리학자 산드라 벰(Sandra Bem)은 '성역할 검사 체크리스트' 도구를 개발해 주목을 받았습니다. 여러분도 오른쪽의 체크리스트로 스스로를 점검해 보면서 부모로서 자신이 어떤 성향인지를 파악한다면 아이 양육에 참고할 수 있을 것입니다.

〔여성성—남성성 체크리스트〕

• 다음에 제시된 특성이 자신의 성격과 얼마나 부합하는지 1점~7점까지의 점수로 답하시오.

항목	내용	점수	항목	내용	점수
1	자기 소신을 지킨다.		16	이해심이 있다.	
2	변덕스럽다.		17	터놓지 않고 숨긴다.	
3	독립심이 강하다.		18	인정이 많다.	
4	양심적이다.		19	상한 기분을 잘 달래준다.	
5	다정하다.		20	자부심이 강하다.	
6	단호하다.		21	지배적이다.	
7	개성이 강하다.		22	따뜻하다.	
8	강경하다.		23	자기주장을 굽히지 않는다.	
9	믿을 만하다.		24	상냥하다.	
10	동정심이 강하다.		25	공격적이다.	
11	질투심이 많다.		26	적응력이 있다.	
12	지도력이 있다.		27	아이들을 매우 좋아한다.	
13	다른 사람의 필요에 민감하다.		28	재치가 있다.	
14	진실하다.		29	부드럽다.	
15	모험심이 강하다.		30	관습적이다.	

〈채점〉

A : 2, 5, 9, 11, 16, 19, 22, 24, 27, 29번 항목의 점수를 더하고 10으로 나누기
B : 3, 6, 7, 8, 12, 15, 20, 21, 23, 25번 항목의 점수를 더하고 10으로 나누기
채점식 = (A - B) x 2.322

〈결과〉

양성성 : 채점 결과 값이 -1~1
남성성이 강함 : 채점 결과 값이 -2.025 이하
여성성이 강함 : 채점 결과 값이 2.025 이상

감성적인 아이가
사회 우등생으로
성장한다

| 정서와 사회성 |

감수성이 풍부한 아이로
키워주세요

정서 표현

누군가가 당신에게 '감수성이 풍부하시네요'라고 말한다면 어떤 기분이 들까요? 누군가는 표현을 잘하고 감정적으로 메마르지 않은 사람이라는 의미로 받아들여서 기분이 좋아질 것이고, 또 누군가는 이성적이기보다 감정이 앞서는 사람이라는 의미로 해석되어 단점을 지적당한 것처럼 느낄 수도 있을 것입니다. 그렇다면 여러분의 아이에게 누군가 그렇게 말해준다면 어떤 생각이 들까요? 그에 대한 대답 역시 여러분의 감수성에 대한 해석에 따라 달라질 것입니다. 개인적인 답이 어떠하든지 감수성이 풍부하다는 말은 대개 좋은 의미로 쓰입니다. 그렇다면 아이의 감수성은 어떻게 길러지는 것일까요? 이에 대해 알아보기 위해서는 우선 아이의 정서 발달에 관한 일반적인 내용을 살펴볼 필요가 있습니다.

정서라는 단어는 흔히 감정이라는 단어와 혼용되어 사용됩니다. 일상생활 속에서는 정서라는 표현보다 감정이라는 단어가 더 많이 사용되고 있습니다. 심리학에서는 우리가 느끼는 다양한 감정은 인간 행동의 한 부분으로써 의미가 있으며 단순히 어떤 것을 '느끼는' 감각적 수준이 아니라 신경생리적 요인들과 주관적 해석이 포함된 매우 복잡한 과정이라고 정의합니다. 인류의 진화와 더불어 선천적으로 가지고 태어나는 유형의 정서도 있지만, 사회화 과정을 통해 학습된 후천적인 정서도 있습니다. 많은 연구를 통해 밝혀진 사실은 인간은 누구나 문화와 인종을 초월한 인류 보편적인 정서를 가지고 있다는 것입니다. 이러한 정서를 '기본 정서'라 말하며 기쁨, 공포, 분노, 슬픔, 놀람, 혐오가 이에 해당합니다. 각각의 기본 정서는 인간의 생존을 위해 중요한 기능을 하며, 대표적인 것이 '소통'입니다. 기본 정서는 신생아기와 영아기를 포함하는 인생의 매우 이른 시기부터 나타납니다. 그렇지만 우리의 더 많은 정서들은 사회화 과정을 거치며 서서히 나타나기 시작하고 보다 정교하게 발달합니다. 그렇다면 기본 정서를 포함한 다양한 정서들은 아동기에 걸쳐서 어떻게 발달하게 되는지 자세히 살펴볼까요?

아이가 태어나면서 자신의 출생을 알리는 데 사용하는 정서의 신호는 '울음'입니다. 신생아기와 영아기 시기의 울음은 자신의 상태를 알리는 의사 표현의 수단으로 매우 중요합니다. 배고픔, 불편함, 짜증남 등 다양한 감정을 울음으로 전달하기 때문이지요. 하지만 나이가 들어가면서 울음의 정서는 보다 세분화되며 그 표현 역시 정교해집니다. 만 3세 무렵에는 불만이나 분노, 질투와 같은 느낌을 울음을 통해 표현하기 시작합니다. 즉 울음을 통해 자기주장을 하게 되는 것이지요. 그러다 만 5세 무렵이 되면 울음을 참을 줄 알게 되면서 감정을 억제하는 것도 가능하게 됩니다. 정서의 표현이 정교화되는 동시에 억제와 방출을 통한 조절도 가능하게 된다는 것입니다.

기본 정서 중 하나인 기쁨도 매우 중요합니다. 만 2세 무렵까지는 웃음이나 동작으로 기쁨을 표현합니다. 이후 만 3세쯤부터는 언어 발달이 이루어지는 것과 함께 기쁨의 정서를 언어로 표현하게 됩니다. 영아기까지는 기쁨의 정서가 감각적이거나 생리적인 것, 또는 신체적인 것으로 인해 나타나는 경우가 대부분입니다. 그러나 만 3세 이후 유아기와 학령전기의 아이들은 사회적인 관계를 통해 기쁨을 느끼게 됩니다. 또한 이 시기는 자기의식이 분명해지는 과정에 있어 자신이 인정받는 것이나 자신을 과시할 수 있을 때 기쁨을 느끼고 이를 표현하게 됩니다. 이 시기에는 애착 형성이 공고화되면서 자신이 충분히 애정어린 존재로서 인정받을 때 기쁨을 느낍니다. 이미 만 1세 미만의 영아들도 자신에게 친숙한 사람들에게 미소 짓는 반응을 보이는 것을 통해 기쁨의 정서는 사회적 관계에 있어서도 중요한 정서임을 알 수 있습니다.

기본 정서 중 하나인 분노 역시 변화를 보입니다. 아이는 하고 싶어하는 일을 못하게 되거나 원하는 것을 가질 수 없을 때, 무엇인가를 강요당하거나 빼앗겼을 때, 자신의 요구가 거절당했을 때 분노를 느끼게 됩니다. 흔히 쓰는 '미운 네 살, 미운 일곱 살'과 같은 표현에 가장 부합하는 정서가 바로 분노입니다. 아이가 분노를 표현하는 방법은 매우 다양해서, 떼쓰기, 고집부리기, 반항, 폭발적 행동, 침묵, 보복 등의 형태로 나타납니다. 만 3세 무렵에는 주로 울면서 발을 구르거나 땅에서 뒹구는 행동으로 표현합니다. 하지만 점차 떼쓰기는 줄어들고 보다 직접적인 방해물에 대해서 화를 내는 방식으로 표현의 변화를 보입니다. 그러다가 만 4세 무렵이 되면 분노를 표현하기 위해 공격적 행동을 보이게 되고, 5세 무렵이 되면 언어적인 발달이 이루어지면서 공격적 언어 사용을 통해 분노를 표현할 수 있게 됩니다.

　　인간이 두려움을 느낄 때 나타나는 공포는 선천적인 정서이지만 학습과 경험을 통해 후천적으로 더욱 정교화됩니다. 자신의 생존이 위협받는 것에 대해 느끼는 대표적인 정서가 공포인데, 만 3세~4세 무렵에는 시각적인 자극에 대해 공포를 느끼게 됩니다. 이후 만 4세 후반 무렵에는 공포가 더욱 심해지는 경향이 있는데 특히 알 수 없는 공포심이 생겨납니다. 그러다 만 5세 무렵에는 공포심이 약간 감소하는 경향을 보이다가 만 6세쯤 되면 다시 공포심이 증가하는 경향이 있습니다. 6세 정도의 연령에서 나타나는 인지적 발달 과정에서 상상력과 학습량이 증가하면서 이로 인해 불충분하고 불완전한 지식이 생겨나 공포심도 함께 늘어나는 것입니다.

　　아이가 만 2~3세가 지나면서 자의식이 발달하게 되면 자신과 타인의 존재를 분리해서 인식할 수 있게 됩니다. 이 시기에 생기는 죄책감, 수치심, 질투심, 공감, 자부심, 당혹감 등의 정서가 바로 자의식적 정서에 해당합니다. 사회화 과정을 거치면서 아이들은 사회가 자신에게 기대하는 것이 무엇인지에 대해 점점 더 잘 인식하게 되고, 사회적 기준들을 받아들일 수 있게 되면서 자의식적 정서 역시 점점 더 정교화됩니다. 이때 사회적인 기준과 문화적 배경에 따라 자의식적 정서의 기준 또한 달라집니다.

보통 수치심이나 죄책감 등의 자의식적 정서는 부정적인 감정이라 생각할 수 있습니다. 그래서 우리 아이는 되도록 이런 정서를 경험하지 않았으면 하고 바랄 수 있습니다. 그러나 이러한 정서를 경험하지 못해 성숙하게 발달시키지 못하게 되면 아이가 부끄러움을 모르거나 잘못을 쉽게 인정하지 않고 죄책감을 느끼지 못하는, 도덕성과 양심이 결여된 사람으로 성장하게 될 위험이 있습니다. 그렇기에 다양한 자의식적 정서를 골고루 발달시키는 일은 사회성 발달에 있어 매우 중요합니다. 만약 어느 날 아이가 수치심을 경험하게 된다면, 이것은 누구나 느낄 수 있는 감정이니 숨기지 않아도 된다고 말하며 위로해주세요. 그리고 더 훌륭한 사람이 되기 위한 과정에서 느낄 수 있는 정서임을 알려주세요.

이 시대
사회 우등생의 조건

우등생은 학교생활에 있어 분명 유리한 점이 많습니다. 그러나 이것이 사회에서도 그대로 적용되지는 않는다는 것을 우리는 이미 잘 알고 있습니다. 그렇다면 사회에서의 우등생이란 어떤 사람을 말할까요? 아마도 사회생활에 적응을 잘하는 사람 아닐까요? 그리고 그 사회 적응력의 핵심은 아마도 '정서지능'에 있을 것입니다. '지능을 객관적으로 보여주는 정보가 지능지수인 IQ(Intelligence Quotient)이듯이 정서적 적응력의 정도는 정서지능 지수인 EQ(Emotion Quotient)로 알 수 있습니다. EQ는 하버드대학교의 다니엘 골만(Daniel Goleman) 박사에 의해 대중화된 개념입니다. 골만 박사는 '사회적 우등생은 정서지능이 높은 사람'이라고 주장했습니다. 그의 주장은 사회적으로 성공하는 데 있어서 정서지능이 얼마나 중요한 작용을 하는지 말해줍니다. 정서지능이 높다는 것은 자신의 감정을 잘 알고, 그 감정을 이성적 판단에 활용할 수 있다는 것입니다. 타인의 정서에 대해서도 민감하게 반응할 수 있어서 인간관계에서 유연함을 발휘하게 되므로 사회적으로 성공할 확률도 높아집니다. 그렇다면 정서지능이 높은 사람이 되기 위해서는 어떤 요인이 작용해야 할까요?

골먼 박사는 정서지능이 충분히 발달하기 위해서는 다섯 가지 요인이 함께 발달해야 한다고 말합니다. 그것은 분명한 자기인식(Self-Awareness), 자기조절 능력(Self-Regulation), 동기 수준(Motivation), 공감(Empathy), 사회적 기술(Social Skills)입니다.

첫 번째 요소인 자기인식은, 정서지능의 맥락에서 자신의 감정을 올바르게 인식하는 것을 의미합니다. 이는 정서지능 발달의 첫 번째 관문이라 할 수 있습니다. 다른 사람을 잘 이해하기 위해서는 먼저 자신에 대해 잘 알아야 하듯이, 다른 사람의 감정을 잘 이해하려면 우선 자신의 감정을 올바르게 인식하는 것이 중요하겠죠. 자신이 어떤 상황에서 어떤 감정을 느끼는지, 왜 그렇게 느끼는지 잘 알 수 있을 때 그 감정을 이성적으로 다루고 정리할 수 있습니다. 두 번째는 정서에 관한 자기조절 능력입니다. 비록 자신의 감정을 제대로 인식하고 있다 하더라도 그 감정을 있는 그대로 표출하고 폭발시킨다면 이는 결코 정서지능이 높다고 할 수 없을 것입니다. 기쁨, 분노와 같은 원초적인 감정 상태를 직설적으로 표현하기보다는, 세련된 방식으로 표현하고 조절할 줄 아는 능력이야말로 정서지능 발달에 있어 매우 중요한 요인입니다. 세 번째는 동기부여입니다. 동기(Motivation)란 어떤 일을 하고자 하는 내적 에너지를 의미합니다. 스스로 무언가를 할 수 있도록 하는 힘이 바로 동기부여 능력입니다. 이는 곧 스스로의 감정을 통제하고 조절할 수 있다는 의미이므로 정서지능을 발달시키는 중요한 척도가 될 수 있습니다. 네 번째는 공감 능력으로, 이는 정서지능 발달을 위한 모든 요인 중에서 가장 중요하다고 할 수 있습니다. 나의 감정을 잘 알고 제대로 인식하는 능력이 곧 공감 능력의 출발점이니까요. 자신의 감정에 집중하고 스스로 잘 보살피는 것도 중요하지만, 내 감정이 소중하듯 다른 사람의 감정도 소중하다는 것을 인식하고 그 감정을 존중해줄 수 있는 자세야말로 원만한 대인관계를 유지하기 위해 꼭 필요한 재능일 것입니다. 공감 능력은 다른 사람의 감정을 잘 헤아리는 것은 물론이고, 그 사람의 말을 경청하며 더 나아가 말로 표현되지 못한 감정과 생각까지 파악하려는 노력에서 비롯되는 것입니다. 이렇게 타인의 감정을 이해하고 공감하려는 노력은 결국 소통의 원활함으로 이어질 것이고 이는 곧 진정한 인간관계의 핵심 요소가 될 것입니다. 마지막 요인은 사회적 기술입니다. 사회 속에서 다른 사람들과 관계를 맺고 살아가는 데 있어 원만함을 유지하는 기술과 능력을 말합니다. 인간은 혼자서 살 수 없고 사회 속에서 의미를 찾으며 살아가게 되는데 이때 필요한 다양한 대인관계 기술이 바로 사회적 기술이며, 이것은 더 깊은 수준의 인간관계를 가능하게 해줍니다.

지금까지 살펴본 정서지능을 위한 다섯 가지 요인들은 아이가 성장함에 따라 하나하나 단계적으로 발달해나가는 과정을 거치게 됩니다. 그러나 이 다섯 단계가 모든 사람에게 적용되는 것은 아닙니다. 골만 박사에 따르면, 정서지능은 각 단계들을 거치며 순차적으로 발달해나가지만 모든 사람이 마지막 단계까지 거치는 경우는 매우 드뭅니다. 어른도 마찬가지입니다. 그러나 정서지능의 발달을 통한 사회적 성공을 이루고 행복한 인생을 살아가기 위해서는 네 번째 과정인 공감 능력까지는 발달시켜야 할 필요가 있습니다. 어른이라고 해서 무조건 사회적 대인관계 기술이 유능한 것은 아니며 공감 능력을 갖추는 것 역시 쉽지 않은 일임을 인식하는 것이 중요합니다. 부모가 높은 정서지능을 갖추었을 때 아이의 정서지능도 키워줄 수 있습니다. 그러니 부모가 먼저 자신의 공감 능력을 높이고 원만한 대인관계 기술을 갖출 수 있도록 노력하며 모범을 보여야 할 것입니다.

아빠랑
결혼할 거야!

아빠랑 결혼할 거야! 어린 여자 아이에게서 자주 들을 수 있는 말입니다. 아빠를 이상형으로 생각한다는 것이니 이 말을 듣는 아빠 입장에서는 기분이 좋을 것 같습니다. 물론 아이가 더 성장하고 나면 아빠랑 결혼하는 것이 아닌 '아빠 같은 남자와 결혼할 거야…'라는 말로 바뀔 수 있겠지요. 그런데 아이의 이런 말에는 심리학적 측면에서 많은 의미가 담겨 있습니다. 그중 대표적인 것은 어린 시절의 부모와의 애착관계가 나중에 성인이 되었을 때 배우자 선택과 대인관계에 영향을 미친다는 것입니다. 그런 점에서 부모와의 애착의 질적 측면이 평생을 좌우한다고도 할 수 있습니다.

아이는 영유아기를 거치면서 주 양육자에게 애착을 느끼고 강렬한 정서적 유대감을 갖게 됩니다. 이 시기에 형성되는 애착의 유형이 초기 아동기인 만 3세~5세에 걸쳐 사람들과의 상호작용 모델인 '내적 작동 모델'을 형성하게 됩니다. 내적 작동 모델이란, 사람들을 대할 때 자신이 어떻게 움직여야 하는지에 대한 자기만의 사고의 틀이라 할 수 있습니다. 이 모델에 따라 상대방에 대해, 더 나아가 세상에 대해 자신이 어떻게 대처하고 행동해야 하는지를 설계하게 됩니다. 이 모델은 자신이 어떤 사람인지에 관한 자아상을 포함하며, 자신과 상호작용하는 상대방은 어떤 사람인지에 대한 개념, 즉 타인에 대한 인간상을 포함하고, 더 나아가 자신을 둘러싼 세상은 어떤 것인지에 대한 인식, 즉 세계관까지 포함합니다. 내적 작동 모델이 긍정적으로 형성되는 경우에는 자신과 타인, 그리고 세상에 대한 긍정적 인상을 갖게 되어 사람과 세상을 신뢰할 수 있게 됩니다. 반면 부정적 내적 작동 모델을 형성하게 되면 자신에 대해, 그리고 다른 사람에 대해, 더 나아가 세상에 대해 부정적인 인상을 갖게 되며 자신에 대한 확신이 없거나 다른 사람을 잘 믿지 못하는 비판적인 시각을 갖게 됩니다.

어린 시절 형성되는 애착 유형은 만 3세 이후 초기 아동기를 거치면서 더욱 굳어집니다. '안전 애착'을 형성한 아이는 엄마(또는 주 양육자)는 자신을 잠시 떠날 수는 있어도 언제든지 돌아올 수 있으며, 신뢰할 수 있는 존재라는 믿음을 자연스럽게 갖게 됩니다. 동시에 자신은 충분히 사랑받을 수 있는 존재라는 자아상을 갖고 자존감을 충분히 갖추게 되며 타인에 대한 신뢰를 형성해 세상은 좋은 사람들이 있는 사회라는 인간관을 형성하게 되는 것입니다. 반면 '불안전 애착'을 형성한 아이들은, 울면서 자신을 봐달라는 신호를 보내는데도 원하는 때에 자신에게 집중하지 않는 양육자로 인해, 스스로의 존재 가치를 폄하하게 됩니다. 또한 양육자가 자신에게 일관된 반응을 보이지 않는 것은 자기가 사랑받을 만한 가치가 없기 때문일 것이라고 단정하기도 합니다. 따라서 이런 아이들은 자존감이 낮으며 자신감도 없고 세상에 대해서도 '아무도 날 신경 써주지 않으니 외롭지만 혼자 잘 살아남아야 한다'는 생각을 갖게 됩니다.

안전 애착 유형을 형성한 아이들은 초기 아동기를 거치면서 안전애착형 내적 작동 모델을 갖추게 되는데, 이 모델은 발달 과정에서 세분화되면서 얌전한 타입, 편안한 타입, 자극에 대해 즉각적인 반응을 보이고 감정 표현을 잘하는 타입의 하위 유형으로 나누어집니다.

불안전 애착 중 '회피형 애착 형성'이 이루어진 아이의 경우는, 초기 아동기를 거치면서 방어형 내적 작동 모델을 형성하게 됩니다. 방어형의 세분화된 하위 유형으로는 억제적 유형, 강박적 순응 유형이 있습니다. 억제적 유형의 아이는 혼자서 가만히 있는 경우가 많고 말을 많이 하지 않는 편입니다. 강박적 순응 유형은 어른이나 주변 사람들 말에 지나치게 순응하는 경우에 해당합니다. 다른 사람들이 자신에게 반응을 보이는 것에 부담을 느끼며, 따라서 싫은 소리를 듣고 싶지 않아 강박적으로 순응하는 것입니다. 일반적으로 부모나 다른 어른들이 자신에게 무슨 말을 하는 것을 잔소리로 여기며 듣기 싫은 말에 대해서도 싫은 티를 내지 않고 오히려 무조건 순응하는 경향이 있습니다. 얼핏 보면 말을 잘 듣는 아이로 보일 수 있지만 사실은 속을 알수 없는 아이로 자라면서 사람들과 친밀한 관계를 맺는 것에 대한 두려움을 갖는 경우가 많습니다.

또한 불안전 애착 유형 중 하나인 '양가저항형 애착 유형'에 해당하는 아이들은 초기 아동기를 거치면서 '강압형'으로 성장하게 되는데, 세분화된 유형으로는 위협형, 처벌형, 내숭형, 무기력형이 있습니다. 위협형은 말 그대로 사람에 대해 공격적으로 반응하는 유형입니다. 처벌형은 자신의 분노를 표현하는 과정에서 엄마를 당황스럽게 함으로써 엄마가 자신에 대해 제대로 반응하지 않은 것에 대해 보복하는 유형입니다. 예를 들어 엄마와 같이 마트에 갔을 때 다른 사람들 앞에서 엄마가 아이에게 잘해주면, 집에서는 이렇게 안 하면서 왜 밖에서는 잘해주냐는 식의 반응을 보여 엄마를 당황스럽게 하고 무안하게 만드는 경우입니다. 무기력형은 말 그대로 세상 모든 일에 대해 자신이 없고 아무것도 못하겠다는 식의 반응을 보이는 경우에 해당합니다. 아이가 이런 식으로 매사에 무기력함을 표현하면 결국 부모는 어쩔 수 없이 아이 대신 나서서 다 해주게 됩니다.

내적 작동 모델이 영유아기의 애착 유형에 기반을 두고 있으며 그것이 발달 과정에서 더욱 공고화되는 것을 보면, 영유아기에 형성되는 애착관계는 매우 중요한 것임을 알 수 있습니다. 그러니 아이가 밝고 건강한 인간관계를 형성할 수 있도록 꾸준히 관심을 갖고 살펴봐주세요. 이때 가장 중요한 것은 아이에게 일관되고 안정적인 반응을 해주는 것이라는 점을 기억해야 합니다.

까다로운 아이라
키우기 힘들어요

기
질

아이가 태어나면 하루 24시간의
대부분을 잠자는 데 사용하며 나머지 시간에는 먹거나 생리적
인 활동을 합니다. 그만큼 신생아들은 수유와 배변만 이루어진
다면 크게 힘들 일이 없다는 뜻이겠지요. 그렇지만 신생아 중에
서도 유난히 까다로운 아이가 있습니다. 반면 너무 순해서 잘 울
지도 않고 보채는 일도 없어서 수유만 제때 해주고 기저귀만 잘
갈아주면 있는지 모를 정도로 조용한 아이도 있습니다. 그런 점

에서 아이들은 이미 태어날 때부터 자신들만의 고유한 성격을 타고나는 것 같습니다. 정말 그럴까요? 네. 그렇습니다.

　　사람들은 자기만의 고유한 성격을 가지고 태어납니다. 이처럼 아이가 태어날 때부터 가지고 있는 자기만의 독특한 성격을 심리학에서는 '기질'이라고 말합니다. 기질(Temperament)은 사람이 환경에 적응하기 위해서 정서적, 행동적으로 반응하는 개인의 특정한 모드라고 정의할 수 있습니다. 즉 우리는 태어나 살아가면서 인간으로서 적응하고 생존해나가기 위해 자신만의 독특한 적응 양식을 발휘하는데, 바로 그 자기만의 적응 양식이 기질이라고 할 수 있습니다. 기질을 연구하는 학자들은 사람들의 기질을 몇 개의 유형으로 분류할 수 있다고 주장하고 있는데, 대표적인 것은 '순한 기질', '까다로운 기질', '느린 기질'의 세 가지 유형입니다. 순한 기질의 영아는 일상생활 속에서 먹고 자는 것과 같은 행동들이 규칙적인 편이며 큰 스트레스를 느끼지 않습니다. 또한 긍정적 정서가 자주 나타나며 새로운 상황에 쉽게 적응하는 편입니다. 까다로운 기질의 아이들은 환경에 적응하는 것에 어려움을 느끼는 경향이 있고 낯설고 새로운 것에 대해 부정적인 감정을 느낍니다. 또한 일상생활의 리듬이 규칙적이지 않아 예측이 어려운 경우에 해당합니다. 느린 기질의 아이들은 새로운 것에 대한 적응 시간이 오래 걸립니다. 그래서 얼핏 보면 까다로운 기질인 것처럼 보이지만 새로운 상황에 노출되는 것이 반복되어 적응하다 보면 어느새 순한 기질의 아이와 비슷해지게 됩니다.

　이처럼 기질을 세 가지 유형으로 분류한 근거 역시 밝혀졌습니다. 가장 뚜렷한 근거 중 하나는 활동 수준입니다. 아이가 신체 활동을 위해 얼마나 많이 근육을 사용하는지의 정도가 활동 수준에 해당합니다. 또 다른 기준으로는 자극 민감성으로, 자신이 원하는 일이 좌절되었을 때 표현하는 소란스러움이나 울음, 고통의 정도를 의미합니다. 쉽게 말해서 좌절했을 때 얼마나 어떻게 화를 내는가 하는 것이 자극 민감성이라고 할 수 있습니다. 또 하나의 기준은 공포와 긍정적 정서입니다. 공포는 새로운 상황이나 낯선 자극에 대해 경계하거나 위축되는 정도를 의미하며, 긍정적 정서는 다른 말로 사회성이라고 불리는 영역으로 사람을 보면 미소 짓고, 잘 웃고, 다른 사람에게 다가가거나 협동하려는 의지의 빈도를 의미합니다. 이 외에도 흥미로운 대상이나 사건들에 주목하거나 집중하는 시간의 길이로 알 수 있는 주의력의 차원, 수면과 배변 활동 및 섭식 활동 등의 신체적 기능을 수행하는 규칙성의 정도가 포함됩니다.

　이러한 기질의 속성들을 참고로 우리 아이의 기질적 특성을 살펴보는 것도 육아에 도움이 될 것입니다. 우리 아이는 갓

난아이였을 때 규칙적으로 깼는가? 젖 먹을 시간이 되어 깨어날 때는 많이 울고 보챘는가? 아니면 잘 울지 않고 수유를 기다리는 편이었는가? 사람들과 눈을 마주치면 잘 웃는 편이었는가? 엄마가 아닌 다른 사람들에게는 쉽게 반응하지 않는 편이었는가? 등등 영아기 시절의 성향을 통해 아이의 기질적 특성을 유추해볼 수 있습니다.

　　기질이 개인의 선천적인 성향이라는 정의에서 알 수 있듯이, 개인이 갖는 그 사람만의 고유한 특성은 결국 행동의 개인차가 생물학적 기초에 근거하고 있다는 것을 의미합니다. 그러므로 기질은 유전적으로 영향을 받는 속성이며 시간이 지나도 비교적 유지되는 것입니다. 그러나 인간의 모든 유전적 기초는 환경과의 상호작용을 통해 변화합니다. 학자들이 기질의 유전적 특성을 연구하기 위해 일란성 쌍둥이와 이란성 쌍둥이를 비교하여 연구해 본 결과, 활동 수준을 포함한 대부분의 기질적 속성 지표들은 일란성 쌍둥이에게서 더 유사한 것으로 나타나 기질의 유전적 영향력이 입증되었습니다. 그런데, 학령전 아동기까지는 유전적 영향력이 어느 정도 지속되지만 아이들의 사회화가 진행되는 과정에서 환경적 요인들의 영향력에 의해 기질과 성격의 특성이 변화를 보이기도 합니다. 그중 가장 강력한 것은 아이들이 같은 부모에게서 자라는 동안 노출되는 공유된 환경입니다. 자녀들의 성격은 각자 타고난 대로 제각각이지만, 한집에서 자라면서 공유하는 환경적 특성들에 의해 형제자매들 간에 유사성이 생길 수 있습니다. 그리고 이러한 환경적 유사성은 미소를 짓거나 사회성이 좋은 것 등의 긍정적인 속성에 더 잘 적용되며, 자극 민감성이나 공포성과 같은 부정적인 속성들에는 적용되지 않는다는 것도 흥미로운 사실입니다. 아이가 낯선 사람이나 새로운 상황에 대해 많이 놀라고 당황하는 예민한 기질을 가진 경우에는 그러한 상황에 노출되지 않도록 더 많이 신경을 써줘야 합니다. 부정적 정서성이 높은 아이들의 경우 자극적인 상황에 자주 노출될수록 점점 더 낯선 상황에 직면하는 것을 어려워하는 아이로 자랄 가능성이 높아지기 때문입니다.

여기서 한 가지 의문이 생길 수 있습니다. 기질적 특성이 선천적인 것이고 잘 바뀌지 않는 속성이라면, 어릴 때부터 까다로운 기질을 타고난 사람들은 사회적으로 원만한 인간관계를 맺는 데 문제가 있을까요? 당연히 그렇지 않습니다. 기질은 절대 건강한 심리 발달의 유일한 요인이 될 수 없습니다. 오히려 더 중요한 것은 타고난 기질과 아이를 둘러싼 사회적 환경이 잘 조화되도록 하는 '조화의 적합성(Goodness of Fitness)'에 있습니다. 사회성이 부족한 기질을 가지고 태어났다 하더라도 부모가 많이 지지해주고 일관성 있는 규칙이나 기준에 따라 양육한다면 사회적 적응에 큰 문제가 없다는 것입니다. 까다로운 기질의 아이에게는 분명히 일일이 맞춰주고 조절하기 어려운 점이 있습니다. 그러나 그로 인해 부모가 스트레스를 받고 짜증을 내게 되면 오히려 악순환으로 이어질 수 있습니다. 또한 순한 기질을 가진 아이라도, 부모가 지나치게 방임하거나 아이의 요구에 세심하게 반응해주지 않으면 아이가 자신의 주장을 잘 드러내지 못하고 대인관계에 어려움을 겪는 회피적 성향으로 발달할 수 있습니다. 그러므로 기질이 타고나는 것이라고 해서 수동적으로 대처하기보다는 최적의 조화를 이룰 수 있는 환경과 양육 방법을 찾으려는 노력이 중요합니다. 다음 장에서 그 방법에 대해 좀 더 자세히 알아보겠습니다.

아이의 기질에 맞는
환경을 만들어주세요

조화의 적합성

기질은 성격의 생물학적 기반입니다. 아이마다 자기만의 고유한 기질이 있으며 그 근원은 부모로부터 물려받은 유전자에 있습니다. 그러나 아이를 키우다 보면 '도대체 이 아이는 누구를 닮은 걸까?'하는 생각을 갖게 될 때가 많습니다. 그만큼 아이들은 자기만의 독특한 특성을 가지고 있으며 부모는 그에 따른 아이의 특성을 잘 파악하고 그에 맞는 육아를 할 수 있어야 합니다. 그럼 아이의 특성에 맞춘 육아, 즉 아이의 기질에 최적화된 육아는 어떻게 이루어져야 하는지, 몇 가지 중요한 유형들을 살펴보도록 하겠습니다.

우선 산만한 아이에 대해 알아보겠습니다. 흔히 산만하다고 하는 아이들은 얼핏 보면 굉장히 활발한 것처럼 보입니다. 산만한 것은 단지 어리기 때문이라 생각하며 아이의 근본적인 성격은 매우 활달하기 때문에 장차 사회성이 좋은 사람으로 자랄 것처럼 보입니다. 그러나 아이의 평소 행동을 유심히 살펴봤을 때, 한자리에 진득하게 있지 못하고 어떤 활동을 끝내기 전에 이미 다른 활동으로 넘어가곤 한다면 좀 더 신중히 아이에게 적합한 육아 방법을 고민할 필요가 있습니다. 사실 아이가 어리면 그만큼 집중할 수 있는 시간이 짧은 것도 사실입니다. 따라서 조금 산만한 듯해도 그 또래의 아이들과 비교해서 지나치게 집중 시간이 짧은 것이 아니라면 조금 더 지켜보아도 괜찮습니다. 하지만 다른 아이에 비해 유난히 집중 시간이 짧고 어떤 활동을 해도 산만한 편이라면, 아이가 어떤 식으로든 한 가지 일에 최소한의 집중은 할 수 있도록 지도해야 합니다. 그러기 위해서는 보호자가 아이의 행동에 대해 어떤 부분이 잘못되었는지를 명확하게 알려줄 필요가 있습니다. 그리고 아이가 집중력을 높일 수 있는 게임이나 놀이를 찾아 그것을 하도록 해주는 것이 좋습니다. 처음 지도할 때는 집중하지 못하는 아이 때문에 답답하고 화도

날 수 있습니다. 하지만 꾸준히 훈련을 시켜주려는 노력이 필요합니다. 집중력이란 무언가를 해야 할 때 하고, 하지 말아야 할 때 멈추는 능력을 모두 포함합니다. 그런데 산만한 아이들은 대체로 해야 할 때는 하지 않고 정작 하지 말아야 할 때 하는 것이 문제입니다. 집중력은 자제력과도 연관되어 있습니다. 그렇기 때문에 아이가 게임을 통해 집중력을 키울 수 있도록 연습하는 것이 한 가지 방법일 수 있습니다. 게임이나 놀이로 집중력을 연습하는 데 있어 부모가 매번 함께하기에는 어려움이 있습니다. 그럴 때 좋은 대안 중 하나는 악기나 운동을 배우게 하면서 규칙과 자제력을 익힐 수 있도록 하는 것입니다.

부모가 힘들어 하는 또 다른 유형은 고집이 센 아이입니다. 무슨 일에서나 자기 고집대로 하려 하고 자기주장을 강하게 내세우는 아이는 부모의 입장에서 어려움을 느낄 수밖에 없습니다. 이 유형의 아이들은 대부분 다른 사람의 의견을 잘 듣지 않으면서 자신의 의견은 강하게 주장하고, 자기 말을 듣지 않는 경우에는 화를 내면서 심지어는 싸움을 하려는 경우도 있습니다. 이런 아이에게는 우선 화를 다스리는 방법을 연습시키면 도움이 될 것입니다. 어른들도 화가 났을 때 감정을 다스리는 것이 쉬운 일은 아닙니다. 그러니 아이에게 화를 다스리도록 연습시킨다는 것은 사실 매우 어려운 일입니다. 하지만 고집 센 아이들이 화를 내는 것은 근본적으로 자신의 뜻대로 되지 않는 것에 대한 감정의 표출이며, 그런 점에서 자기조절력이 부족한 것이라 할 수 있습니다. 그렇기에 우선 자기조절력을 기를 수 있도록 해야 합니다. 아이가 고집이 센 것은 선천적인 기질적 성향 때문일 수도 있지만 환경에서 기인한 것일 수도 있습니다. 부모가 아이에게 되도록 맞춰주려는 마음에 아이의 요구를 쉽게 들어주는 경우가 많으면, 밖에서 자기 마음대로 되지 않을 때 그 상황을 받아들이지 못하고 화를 내게 됩니다. 사실 아이가 집에서 원하는 대로 하는 만큼 밖에서도 똑같이 할 수 있는 경우는 거의 없습니다. 그런데 부모가 집에서는 원하는 대로 할 수 있도록 허락하면서 밖에 나가면 다른 사람을 생각하여 양보하라고 한다면, 당연히 아이 입장에서는 규칙이 바뀌는 것을 이해하지 못할 수 있습니다. 정작 집에서는 양보를 연습할 기회가 없었기 때문입니다. 그럴 때 아이에게 단지 다른 사람에게는 그렇게 하면 안 된다고 말하는 것은 아이 입장에서는 받아들이기 어려운 일입니다. 그러니 평소에 다른 사람을 위해 양보하는 것, 참는 것을 훈련시켜야 합니다. 그리고 이때 아이가 잘 알아들을 수 있도록 설명해주는 것이 중요한데, 절대 말이 길어지지 않도록 해야 합니다. 이야기가 길어지면 아이는 단순히 잔소리라고 여기고 귀담아 듣지 않으려 할 것입니다. 간결한 설명으로 남들이 나에게 배려를 하듯이 아이도 남들에게 배려해야 한다는 것을 알려주세요.

　　기질이 순한 아이의 경우는 보통 키우기 쉽다고 생각하지만, 사실 순한 아이 중에는 사람들 앞에 잘 나서지 못하고 혼자 있으려고만 하며 사람들과 어울리는 것을 힘들어 하는 경우가 많습니다. 그런 아이에게 사회성을 길러주기 위해 억지로 사람들과 어울리게 하는 것은 좋지 않습니다. 이런 성향의 아이에게는 자기에게 친근한 공간에서 사람들과 어울릴 기회를 만들어주는 것이 도움이 될 수 있습니다. 즉 나가서 친구들과 놀라고 몰아내기보다는, 친구들을 집으로 초대해서 함께 어울리게 하는 것이 좋습니다. 또한 처음부터 너무 많은 사람과 같이 있도록 하지 말고 한두 명 소규모로 어울리게 한다면 아이가 더 잘 적응할 수 있을 것입니다. 사람들과 어울리는 것을 힘들어 하는 아이에게는 친구들과의 놀이 시간에도 제한을 두는 것이 좋습니다. 친구와 노는 것이 즐겁기는 하지만 사람들과 어울리는 것 자체가 스트레스일 수 있는 수줍음 많은 아이들은 오랜 시간을 남들과 함께하는 것이 힘들 수 있기에 놀이 시간이 너무 길지 않도록 조절해주는 것이 좋습니다.

　　부모가 된다는 것은 참 어려운 일입니다. 아이의 특성에 따라 일일이 배려하고 조절해야 할 것이 너무도 많으니 말입니다.

하지만 이처럼 아이의 기질과 양육 환경을 조화롭게 하려는 노력이, 우리 아이를 지금보다 더 괜찮은 사람으로 자랄 수 있게 해준다는 사실을 잊지 말아야겠습니다.

다른 사람의 말을
흘려듣는 아이

주의력의 중요성

아이와 엄마가 장을 보기 위해
마트에 들렀습니다. 카트를 끌고 상품 진열대를 지나다가 깜박
잊고 사지 못한 물건이 생각난 엄마가 잠깐 자리를 뜨려고 합니
다. 아이에게 '바로 옆에서 물건 하나만 집어올 테니까 여기 잠
깐만 서 있어. 그럴 수 있지? 약속!'이라고 말하자 아이가 알았
다고 시원하게 대답합니다. 그런데 아이는 대답하면서도 자신의
눈앞에 놓인 과자에 눈이 가 있습니다. 하지만 엄마는 아이가 시

원하게 대답을 하니 분명히 자신의 말을 잘 알아들었으리라 믿습니다. 엄마는 아이에게 금방 돌아오겠다고 다시 한번 말해주고 자리를 떴습니다. 그런데 그 사이 마트 직원이 다가와서 엄마는 어디 계시냐고 묻습니다. 아이는 대답합니다. '몰라요…'

분명히 엄마랑 약속까지 한 아이가 왜 모른다고 대답했을까요? 아이는 이번에만 그렇게 대답한 것이 아닙니다. 많은 경우 엄마 말에 철썩 같이 알았다고 대답하고는 막상 물어보면 모른다고 하거나 자신이 생각하는 대로 말해버리곤 합니다. 또한 엄마가 불러도 잘 듣지 못하고 대답도 안 하기 일쑤입니다. 아이에게 무슨 문제가 있는 걸까요? 청력에 문제가 있는 걸까요? 혹은 아이가 자기 또래들에 비해 언어 이해력이 부족한 것일까요? 보호자들은 실제 이런 일을 경험하게 되면 걱정스런 마음에 아이를 병원에 데리고 가서 청력 검사를 받아보기도 하고 발달 장애가 있는 건 아닌지 전문가의 진단을 받아보기도 합니다. 그러나 대부분의 경우 아이에게는 아무런 신체적 문제도 없을 겁니다. 문제는 주의력 부족이니까요.

아이가 자신의 일에 집중하여 엄마가 불러도 못 듣는 것은 분명 집중력이 높은 것이라 할 수도 있습니다. 그렇지만 주의력은 집중력과 구분하여 이해되어야 합니다. 집중력과 주의력은 유사한 개념인 것 같지만 사실은 전혀 별개의 개념이라 할 수 있습니다. 집중력이 높아도 주의력은 부족할 수 있다는 것이죠. 아이가 자신이 좋아하는 일에 열중하는 것은 집중력을 발휘하고 있는 것이지만 그런 상황에서도 만약 선생님이 '자, 여기 좀 볼까?'라고 하면서 주의를 환기시키면 하던 일을 잠시 멈추고 선생님을 보아야 합니다. 이때 선생님의 지시에 따르는 행동이 바로 주의력입니다. 좋아하는 일이 아니더라도 내가 해내야 하는 일이 있을 때 주변의 자극에 좌우되지 않고 그 목표에 정신적 능력을 몰입시키는 힘이 바로 주의력입니다. 아이가 유치원에 가거나 학교에 가게 되면, 더 이상 아이가 하고 싶은 것만 할 수는 없는 환경에 놓이게 됩니다. 교육 과정에 맞추어 다양한 활동을 해야 하고 주어진 과제도 완수해내야만 합니다. 그런 상황에서 주의력은 매우 중요한 작용을 하게 되겠지요. 보통 4세에서 7세 아이들의 경우, 주의가 산만한 경향이 있어도 '어려서 그런 것이겠지' 하고 지나치게 됩니다. 또 좋아하는 일에는 놀라운 집중력을 보여주지만 관심 없는 일에는 주의를 기울이지 않는 모습을 보면서도 단순히 호불호가 강한 아이라 생각하고 나이가 들면 차츰 좋아질 것이라 넘기기도 합니다. 그러나 이 시기야말로 주의력을 키울 수 있도록 부모의 세심한 관심과 주의가 필요합니다. 이 시기에 주의력을 제대로 키우지 않으면 초등학교 입학 후에 학습과 사회 적응에 있어 어려움을 겪게 될 수 있습니다.

수업할 때, 친구나 선생님과 상호작용을 해야 할 때 만약 주의력이 부족하다면 수업 시간에 선생님의 말씀에 귀 기울이는 일이나 친구의 이야기를 듣고 맥락에 맞는 대화를 하는 데 어려움을 겪게 될 것입니다. 또한 관심이 없는 과목의 수업 시간에는 집중이 어려워 제대로 앉아있는 것도 힘들어지게 되면서 차차 학교생활에 흥미를 잃어갈 수도 있습니다.

아이가 보고 싶은 것만 보고, 듣고 싶은 것만 듣는 것이 아니라 자신의 관심 밖에 있는 것도 필요에 따라 보고 들을 수 있어야 하는데 이때 필요한 능력이 주의력입니다. 그렇다면 주의력은 어떻게 키울 수 있는 걸까요? 먼저 주의력 부족이 나타나는 원인을 파악해 볼 필요가 있습니다. 주의력 부족이나 주의 산만의 원인은 선천적인 것과 후천적인 것으로 구분할 수 있습니다. 선천적 원인은 아이의 기질적인 문제에 기인하며 대개 ADHD(주의력 결핍-과잉행동 장애: Attention Deficit Hyper Activity Disorder)로 이어지게 됩니다. 이런 진단을 받는 경우는 주의력만 부족한 것이 아니라 충동성이나 활동 수준 또한 너무 높아서 한시도 가만히 있지 못하고 옆에서 주의를 주어도 쉽게 고쳐지지 않아 반드시 전문적인 치료가 필요한 경우에 해당합니다.

우리가 신중하게 살펴봐야 할 부분은 주의력 부족의 후천적 원인입니다. 아이의 주의력이 부족한 후천적 요인은 대부분 부모의 양육 방식과 관련이 있습니다. 아이에게 지나치게 허용적인 태도를 가진 부모의 아이들에게서도 주의력 부족이 나타날 수 있습니다. 원하는 대로 최대한 맞춰주는 방식의 양육으로 인해, 아이가 규칙이나 질서를 통한 절제와 인내를 습득할 기회를 갖지 못하게 되기 때문입니다. 식사시간이 되어 밥을 먹을 때는 하던 일을 잠시 멈추고 식탁 앞에 앉아 식사를 마치도록 지도해주어야 하는데, 아이가 하던 놀이를 계속하겠다며 돌아다니면서 밥을 먹으면 그냥 그렇게 하도록 내버려 두는 경우, 심지어는 아이를 쫓아다니며 밥을 떠먹여 주는 경우 모두 아이가 통제와 조절을 통한 주의력을 키우지 못해 산만해질 수 있습니다. '한 번은 괜찮겠지' 하는 마음이 아이가 주의력을 습득할 수 있는 기회를 빼앗는 것입니다.

이와 반대로 지나치게 강압적인 양육 태도 역시 아이의 주의력 부족으로 이어질 수 있습니다. 좋은 습관을 가르치겠다는 의도로 보호자가 아이의 행동에 많은 통제를 가하게 되면, 아이는 자신의 일거수일투족이 항상 지적받는다는 느낌을 갖게 되고 스트레스를 받게 되면서 불안감이 덩달아 높아지게 됩니다. 높은 불안감은 당연히 아이의 집중력과 주의력에 모두 도움이 되지 않겠지요. 허용적 방임의 태도나 강압적 태도 모두 아이를 제대로 훈육하고자 하는 좋은 의도에서 비롯된 것이겠지만, 이러한 방식이 아이의 주의력 부족으로 이어질 수 있음을 인식해야 합니다. 그러니 우리 아이에게 적절한 통제와 허용이란 무엇일지 진지하게 고민해 보아야 할 것입니다.

산만한 아이는
어떻게 지도해야 할까요?

아이들은 어린이집에 다니기 시작하면서 집을 떠나 보다 넓은 사회적 관계를 형성하게 되며 사회화가 촉진됩니다. 아이가 어린이집에 첫 등원을 하게 되면 부모는 뿌듯함을 느끼면서 동시에 아이가 새로운 환경에 잘 적응을 할 수 있을지 걱정하게 됩니다. 유치원에 입학하게 되어도 상황은 같습니다. 또 새로운 환경에 적응해야 할 테니까요. 이후 초등학교에 입학하게 되면 드디어 우리 아이가 학교에 가는구나 싶어 벅찬 감정이 밀려오지만, 동시에 학교생활에 어려움을 겪지는 않을까 또 다시 걱정이 시작됩니다. 아이가 평소에 산만한 경향이 있다면 그런 걱정은 더 커지게 됩니다. 학교 급식 시간에 제자리에 앉아서 밥을 잘 먹을 수 있을지, 수업시간에 계속 앉아있는 것을 힘들어 하면서 자꾸 몸을 뒤척이지는 않을지, 선생님 말씀에 집중할 수 있을지…… 걱정거리가 한두 가지가 아닙니다.

부모로서 아이가 잘 적응할 수 있을지 걱정하는 것은 당연한 일입니다. 하지만 걱정하기에 앞서 아이가 학교에 입학하기 전인 4세~7세 시기에 주의력을 기를 수 있도록 훈련시켜준다면 걱정이 조금은 줄어들 것입니다. 그럼 어떻게 하면 아이의 주의력을 높일 수 있을까요? 방법은 분명히 있습니다. 물론 그 과정이 간단하지는 않습니다. 하지만 훈련과 연습에 의해 충분히 주의력을 키워줄 수 있습니다.

주의력은 그 속성에 따라 몇 개의 유형으로 분류될 수 있습니다. 누가 불러도 잘 못 듣고 제때 대답을 못하는 경우는 청각적 주의력이 부족한 것이라 할 수 있습니다. 또한 보고 싶은 것만 보는 것이 아니라 보아야 할 것에 제대로 집중하는 주의력은 시각적 주의력으로 분류합니다. 하지만 주의력은 시각적인 것과 청각적인 것이 동시에 작용해서 이루어지는 경우가 많기 때문에 시각적, 청각적 차원으로 분류하기보다는 주의력의 내용에 따라 4~5개의 유형으로 분류되는 경우가 더 많습니다. 우선 '초점 주의력'을 들 수 있습니다. 이는 주의를 기울일 수 있는 다양한 자극 중에서 지금 필요한 자극에 대해서만 주의를 기울이는 능력을 의미합니다. 집 밖에서 아이들이 한자리에 가만히 앉아있는 것을 힘들어 하는 경우, 보통 부모는 동영상을 보여주며 집중하게 만듭니다. 그러나 이것은 아이가 가만히 앉아있도록 할 뿐, 집중력 향상과는 관련이 없습니다. 영상물을 보는 동안 가만히 있는 것은 자율적으로 주의를 기울인 것이 아니기 때문입니다. 따라서 과제 완수를 위해 스스로 한 가지 일에 초점을 맞추어야 하는 주의력과는 거리가 먼 행동입니다. 그러니 집에 있을 때나 외출했을 때나 아이를 가만히 있게 하려고 스마트폰을 쥐어주는 습관은 되도록 피해야 합니다.

이와 유사하지만 조금 구별되는 또 하나의 주의력 유형으로는 '선택적 주의력'이 있습니다. 이는 어떤 일을 할 때 그 일을 완수하는 데 방해가 될 수 있는 다른 자극에 대해서는 주의를 억제하고, 필요한 것에만 주의를 기울이는 것을 의미합니다. 무슨 일을 하다가 주변에 조금만 유혹적인 자극이 있으면 하던 일을 금세 잊어버리고 그 자극에 주의를 빼앗긴다거나, 매우 산만해서 어떤 일을 완수하기에 어려움이 많은 경우에 선택적 주의력이 부족하다고 말할 수 있습니다. 보아야 할 것에만 시각적 주의력을 집중하는 것, 들어야 할 것에만 청각적 주의력을 집중하는 것이 필요한데 주변의 모든 자극에 대해 일일이 주의를 기울인다면 과제는 좀처럼 완성하기 어려울 것입니다. 그러므로 아이의 선택적 주의력을 키우기 위해서는 우선 불필요한 방해 자극에 많이 노출되지 않도록 주변 환경을 정돈해주어야 합니다. 다른 그림 찾기나 숨은그림찾기와 같은 놀이도 시각적 주의력을 높이도록 훈련할 수 있는 좋은 방법입니다. 노래 따라 부르기, 문장 따라 읽기는 청각적 주의력을 훈련하는 데 좋습니다.

　　어떤 일을 완수하기 위해서는 일단 시작한 일에 일정 시간 동안 주의를 기울일 수 있어야 합니다. 이럴 때 필요한 주의력이 바로 '지속 주의력'입니다. 우리가 보통 주의력이 부족하다고 할 때 가장 많이 적용되는 유형이 바로 이 지속 주의력이며, 이것이 부족한 경우 어떤 일에 끈기있게 매달려서 해내는 것에 어려움을 느끼게 됩니다. 지속 주의력은 만 4세~7세의 아이들에게는 다소 제한적으로 발휘되는 경우가 많습니다. 이 시기의 아이들은 자신이 좋아하고 흥미 있는 것들에 대해서는 상당히 오랜 시간 주의력을 집중시킬 수 있습니다. 하지만 재미없는 과제에 대해서는 지속 주의력을 갖기가 어렵습니다. 또한 초등학교 1학년과 4학년 아이들의 수업 시간이 동일하지 않은 이유처럼, 이 시기의 아이들은 30분 이상 지속적으로 주의 집중을 하는 것이 아직은 어렵습니다. 그러므로 지속 주의력이 향상되도록 하려면 우선은 최대한 아이들의 관심을 높이고 주의를 끌 수 있도록 흥미로운 과제를 주어야 합니다. 또한 아이가 끈기를 가지고 끝까지 해낼 수 있도록 옆에서 지속적인 지지를 보내주는 것이 좋습니다. 일단 아이가 과제를 완수해낸다면 그 경험이 이후의 과제 수행에 있어 지속 주의력을 향상시키는 데 밑거름이 될 수 있을 것입니다.

여기서 또 하나 중요한 것이 '전환 주의력'입니다. 예를 들어 1교시 후에 이어지는 2교시 수업에서는 이전과는 다른 주의력으로 전환하여야 그 시간에 필요한 과제 수행을 무사히 해낼 수 있습니다. 좋아하는 것에 몰두하는 아이의 모습이 기특해서 다른 일로 주의를 환기시키지 못하는 것을 그대로 내버려 둔다면 전환 주의력이 부족한 아이로 자랄지도 모릅니다. 그러니 좋아하는 것에 집중하여 잘하는 것도 중요하지만, 좋아하지 않는 과제에도 주의를 기울일 수 있어야 한다는 것을 인식하고 아이의 주의 집중력이 균형 있게 발달할 수 있도록 부모의 관심과 지도가 필요합니다.

동기부여에도
규칙이 필요합니다

외적 동기 와 내적 동기

　　　　　　　　　　한 실험에서 아이들을 두 개의
그룹으로 나누어 퍼즐 놀이를 하게 했습니다. 한 그룹의 아이들
에게는 퍼즐을 다 맞추면 1만 원씩 주겠다고 조건을 걸었습니
다. 또 다른 그룹의 아이들에게는 아무런 조건 없이 퍼즐 놀이를
하게 했습니다. 두 그룹의 아이들 모두 열심히 퍼즐을 맞췄고 완
성된 후 약속대로 한 그룹의 아이들은 보상을 받았고, 다른 한
그룹은 아무 보상도 받지 않았습니다. 그리고 이번에는 다른 퍼

즐을 주면서 두 그룹에게 퍼즐 게임을 한 번씩 더 하게 했습니다. 이번에는 이전과 달리 두 그룹 모두 아무런 보상 없이 퍼즐을 맞추도록 했습니다. 그러자 앞선 시행과 다른 결과가 나왔습니다. 첫 번째 시행에서는 보상을 약속받은 그룹이 퍼즐을 더 빨리 완성했었는데, 이번에는 첫 번째 시행에서 보상을 받지 않았던 그룹이 더 빨리 완성한 것입니다. 심지어 처음에 보상을 받았던 그룹은 퍼즐을 완성하려는 의지가 없어 결국 완료하지 못한 채 대결을 마쳤습니다. 이런 결과는 무엇을 의미할까요?

위와 같은 결과를 설명하는 기제를 심리학에서는 '동기(Motivation)'라고 합니다. 동기는 '목표를 향해서 행동을 시작하게 하는 내적인 과정'이라고 할 수 있습니다. 그런데 어떤 것을 해내려는 동기는 우리 내부에 의해 자발적으로 생겨나기도 하고 때로는 외적인 유인가나 보상에 의해 생겨나기도 합니다. 우리가 어떤 일을 할 때 자유의지로 하고 싶어서 하게 된다면 그것은 내부로부터 동기가 생겨나는 '내적 동기'에 의한 것입니다. 또 때로는 보상을 얻기 위해 어떤 일을 하기도 하는데 이런 경우는 '외적 동기'에 의해 행동이 이루어진다고 할 수 있습니다. 직장 생활을 하면서 받게 되는 월급도 일종의 외적 동기라고 할 수 있지요. 많은 경우 내적 동기에 의한 수행이 외적 동기에 의한 수행보다 훨씬 더 지속적인 효과가 있습니다. 앞의 퍼즐 맞추기

놀이의 사례를 다시 살펴볼까요? 보상이 없었던 그룹이 두 번째 시합에서도 퍼즐을 더 잘 맞출 수 있었던 것은, 그 그룹의 아이들은 첫 번째 시행에서도 그리고 두 번째 시행에서 모두 퍼즐을 맞추는 그 자체에서 즐거움을 느끼는 내적 동기에 의해 행동했기 때문이라 할 수 있습니다. 반면 처음에 보상을 받고 퍼즐을 완성했던 아이들은, 그것이 없어지면서 퍼즐 맞추기에 대한 동기가 사라져 흥미와 의욕을 잃어버린 것이라 할 수 있습니다.

이 사례를 통해서도 알 수 있듯 돈이나 외적인 보수와 같은 외적 동기보다는, 즐거움이나 기쁨, 뿌듯함, 자부심과 같이 내부에서부터 자율적으로 생겨난 동기에 의해 일을 할 때 훨씬 더 몰입할 수 있고 완성도가 높은 결과를 낼 수 있습니다. 이런 사례를 통해 아이들을 훈육할 때는 아이들이 진정으로 기뻐하고 즐거워할 수 있는 내적 동기를 가질 수 있도록 이끌어주는 것이 중요하다는 것을 알 수 있습니다. 많은 경우 우리는 아이들에게 외적인 보상을 제시하며 동기를 부여하려고 합니다. 다가오는 시험에서 지난 번보다 성적이 오르면 원하는 선물을 사주겠다고 제안하는 것, 정리 정돈을 잘하면 그때마다 오천 원씩 용돈을 주겠다고 하는 것처럼 말이죠. 아이가 할 수 있는 일이지만 하기 싫어하는 일, 또는 쉽사리 바뀌지 않는 행동을 고치고 좋은 습관을 들이고자 할 때, 우리는 이처럼 외적 동기를 부여해서라도 좋은 행동을 반복하게 하면 차츰 나쁜 습관을 바꿀 수 있을 것이라고 생각합니다. 그리고 이러한 방법이 정말로 효과가 있을 수도 있습니다. 그러나 대부분의 경우 외적 동기에 의해 어떤 행동을 할 때는 그것이 사라지는 순간 그 일을 하고자 하는 동기 또한 사라지기 때문에 그 행동을 자발적으로 지속시키기에 한계가 있습니다. 그러므로 무슨 일을 할 때 스스로의 내적 동기에 의해 행동할 수 있도록 지도하는 것이 중요합니다. 그렇다면 외적 동기를 위한 보상은 모두 나쁜 것일까요? 그렇지는 않습니다. 아이가 싫어하지만 해야만 하는 일일 경우에는 외적인 동기를 부여해서라도 그 행동을 하게 하는 것이 필요할 때도 있습니다. 보상을 통해 아이가 먹기 싫어하는 당근도 먹을 수 있게 되고, 숙제를 거뜬히 해내기도 하며, 방 청소와 정리 정돈을 깔끔히 마무리하기도 합니다. 그러나 분명한 사실은, 외적 동기부여에 의한 행동은 오랜 시간 지속하는 데 분명히 한계가 있다는 것입니다.

　아이가 내적 동기에 의해 한 일에 대해 보상해주는 것 역시 역효과를 불러올 수 있으니 유의해야 합니다. 이를 심리학적 용어로는 '과잉정당화'라고 합니다. 과잉정당화는 외적인 자극에 의해 내적인 동기가 약화되거나 깨져버리는 것을 의미합니다. 기꺼이 즐거운 마음으로 스스로 한 어떤 일에 대해 보상이 주어지는 순간, 자기가 한 행동의 의도가 왜곡된 것처럼 느껴지게 되어 애초에 가지고 있던 내적 동기마저 사라져버리고, 이후에는 오히려 그 행동을 피하게 되는 현상을 말합니다.

살다 보면 하기 싫어도 어쩔 수 없이 해야만 하는 일들이 많이 있습니다. 숙제나 공부, 시험도 그런 일에 해당되겠지요. 공부를 왜 해야 하는지, 시험은 왜 봐야 하는지, 또는 학교를 왜 가야만 하는지 물어보는 아이에게 무조건 외적 보상을 제공하면서 하기 싫은 공부를 하고, 숙제를 하고, 학교를 다니도록 설득하기는 어려운 일일 것입니다. 이런 경우에는, 아이에게 공부는 잘할 필요는 없어도 꼭 해야 하는 일이며, 공부라는 과정을 통해 뇌가 발달하면서 똑똑하고 슬기로운 아이로 자랄 수 있다고 말해준다면, 아이가 스스로 더 똑똑하고 좋은 사람이 되고 싶다는 내적 동기를 갖게 될지 모릅니다. 아이가 자발적인 동기를 가지고 하기 싫은 일을 해내도록 하기 위해서는 곁에서 적절히 지도하고 설득하는 조력자가 필요합니다. 결국 아이에게는 부모의 끈기와 노력이 무엇보다 중요한 내적 동기부여의 요인이 된다고 말할 수도 있겠습니다.

욕하고
때리는 아이

공격성

　　　　　　　　　　한 아이가 친구와 놀고 있습니
다. 그런데 친구는 이 아이가 평소에 갖고 싶어 했던 최신 장난
감을 가지고 놀고 있습니다. 아이는 친구에게 자기도 한 번만 갖
고 놀게 해달라고 말해보지만 거절당합니다. 옆에서 계속 조르
던 아이는 급기야 그 친구를 세게 밀쳐서 넘어뜨렸습니다. 그러
자 친구 손에 있던 장난감이 떨어졌고 아이는 재빨리 그 장난감
을 집어 들고 도망쳤습니다. 친구는 밀려 넘어진 것도 불쾌하고

장난감을 뺏긴 것이 분하기도 한 마음에 아이를 쫓아가며 엉엉 울고 말았습니다.

위의 상황은 가상으로 설정한 것입니다. 그러나 글을 읽고 있는 동안 여러분의 머릿속에는 아마 위의 장면이 쉽게 그려질 것입니다. 그리고 다음 장면이 어떻게 전개될 것인지 역시 쉽게 짐작할 수 있을 것입니다. 위에서 아이가 보여준 행동, 즉 친구를 세게 밀치는 행동과 장난감을 강제로 빼앗은 행동은 모두 공격적이며 반사회적인 행동에 해당합니다. '공격성(Aggression)'은 타인을 해치려는 의도를 가지고 시도되는 언어적 또는 신체적 행위를 말합니다. 공격성은 성격에 따라 몇 개의 하위 유형으로 분류할 수가 있습니다. 그중 한 가지 분류로써 적대적 공격성과 도구적 공격성이 있습니다. 적대적 공격성이란 누군가를 해치려는 것이 최종 목표인 경우에 해당합니다. 예를 들어 어떤 아이가 친구가 너무 밉다며 욕을 하고 때린다면 이것이 바로 적대적 공격성에 해당합니다. 도구적 공격성은 말 그대로 공격성이 도구적으로 사용되는 것으로, 위의 사례에서와 같이 장난감을 빼앗으려는 목적으로 친구를 때리거나 밀치는 행동에 해당합니다. 또 다른 분류 기준으로는 '도발적 공격성'과 '반응적 공격성'이 있습니다. 도발적 공격성은 공격적 행동을 통해 상대에게 자신의 힘과 위력을 보여줌으로써 타인을 지배하고 복종시키는 것에서 자신의 자존감을 높일 수 있다는 신념이 동기가 됩니다. 반응적 공격성은 보복적인 공격성에 해당하는 것으로, 다른 사람의 행동에 대한 반응으로 유발되는 공격 행동을 의미합니다. 자신의 장난감을 부순 친구의 장난감을 똑같이 부수는 행동을 한다면 이것이 바로 반응적 공격성입니다. 그럼 과연 공격성은 언제부터 나타나고 어떻게 발달해나가는 것일까요? 그리고 어떻게 하면 공격성을 예방할 수 있을까요?

아이가 처음으로 공격성을 나타내는 시기는 대략 돌 전후인 것으로 보고되고 있습니다. 이 시기에 나타나는 공격성은 주로 어떤 대상에 대한 소유권을 주장하는 것과 관련이 있습니다. 장난감이나 간식처럼 자신이 원하는 것을 얻지 못하는 것에 대해, 또는 자신의 목표가 좌절되었을 때 공격성이 발현되는데, 주로 화를 내는 것과 같은 정서적 표현에 그치며 행동을 동반하지는 않습니다. 그러나 생후 18개월을 전후로 아이들은 때리기, 밀치기 등의 공격 행동을 보이기 시작합니다. 만 2~3세가 되면 공격 행동의 빈도와 강도가 모두 증가하게 됩니다. 그러다 만 3세 이후에는 공격성이 간헐적으로 나타나기는 하지만 또래들 간의 분쟁이나 갈등 상황에서 협상하기와 같은 행동 역시 증가하는 경향이 있으며, 언어 발달이 폭발적으로 이루어지는 것과 맞물려 언어적 공격성이 증가하기도 합니다. 그러나 전반적으로 아이가 성장할수록 신체적 공격성과 언어적 공격성은 자연스레 줄어들게 됩니다.

그렇다면 어린아이의 공격성은 걱정하지 않아도 되는 걸까요? 공격성은 나이가 들면서 그 표현이 점차 줄어드는 경향이 있지만, 발달 과정에 있어 매우 안정적인 속성이기도 합니다. 즉, 어린 시절에 공격성이 높았던 아이는 성인이 되었을 때도 폭력적인 성향이 높다는 것입니다. 영아기 시절에 공격 성향이 높았던 아이는 만 3~5세에도 지속적으로 공격성이 증가하는 모습을 보였고, 학령전 아동기인 만 3~7세 무렵에 성급하고 공격적인 성향의 아이들은 이후 반사회적이고 공격적 성향을 지닌 성인으로 성장하는 경향이 있었습니다. 그러므로 친구들로부터 평소에 공격적이라고 평가받고 있는 아이는, 그렇지 않은 아이보다 상대적으로 적대적이고 반사회적인 성인으로 성장할 가능성이 높고, 실제 연구 결과에서도 그러한 성향을 지닌 아이들은 후에 성인이 되었을 때 가정 폭력과 같은 범죄를 저지를 가능성이 높은 것으로 나타났습니다. 따라서 어린 시절의 공격성은 적절한 훈육을 통해 반드시 통제되고 조절되어야 합니다.

흔히 남자가 여자보다 다소 공격성이 높은 것으로 알려져 있습니다. 하지만 사실 성별에 따른 차이는 크지 않습니다. 공격성의 표현 방법에 있어 차이가 있을 뿐입니다. 남자아이들은 겉으로 드러나는 형태의 물리적이고 언어적인 공격성을 보이며 자신에게 위협적인 상대방에게 보복하려는 경향의 공격성을 보입니다. 이처럼 남자아이들의 공격성은 겉으로 잘 드러나기 때문에 '외현적(外現的)' 공격성이라고 표현합니다. 반면 여자아이들은 겉으로 쉽게 드러나지 않지만 사람과의 관계에 있어서 보복하는 경향이 있으며, 상대방을 냉정하게 대하거나 당사자가 없는 자리에서 험담을 하는 것과 같은 소극적 형태의 공격성을 보입니다. 남자아이들의 공격성이 더 높은 것처럼 보이는 원인 중 하나는 부모의 양육 방식과 사회화 과정에서 찾을 수 있습니다. 많은 경우 남자아이들의 공격성이 여자아이의 그것에 비해 좀 더 사회적으로 허용되는 경향이 있습니다. 보통 보호자들은 남자아이들이 총, 칼 등의 장난감 무기를 선택하는 것은 허용하지만, 여자아이들이 그런 장난감을 고르는 것에는 반감을 표합니다. 그로 인해 남자아이들은 폭력적 행동을 놀이로 표출하면서 공격성을 더 강화하게 되는 것이죠.

한편 아이에게 엄격한 처벌 기준을 적용하여 잘못에 대해 가혹하게 처벌하는 것 역시 좋지 않습니다. 아이가 공격적이고 폭력적인 행동이 다른 사람을 통제하는 효율적인 방법이라는 메시지를 은연중에 학습하게 되기 때문입니다. 공격성을 학습하는 또 하나의 기제는 모델링입니다. 부모나 다른 어른들, 또래 친구, 미디어 매체 등을 통해 공격적이고 폭력적인 장면에 많이 노출될수록 아이는 공격적인 행동을 더 많이 모방하게 되고 더욱 공격성이 높은 사람으로 성장할 수 있습니다. 부부싸움이 잦은 부모 밑에서 자란 아이들이 그렇지 않은 아이들에 비해 상대적으로 공격성이 더 높은 경향을 보이는 것도 바로 이런 모델링 효과 때문인 것으로 생각됩니다. 따라서 아이의 공격성을 통제하기 위해 가장 먼저 해야 할 일은 부부가 좋은 관계를 보여주는 것입니다.

주변의 모든 것이
아이를 자라게 한다

| 발달 환경 |

좋은 부모가 되는
법칙

아이가 태어나던 순간을 떠올려
봅시다. 처음 경험했던 임신과 출산은 어떤 기억으로 남아있나
요? 임신 기간 동안, 그리고 출산 이후 아이를 키우면서 내 아이
가 어떤 사람으로 성장하기를 바라셨나요? 또 어떤 부모가 되고
자 다짐했을까요? 질문에 대한 답은 각자 다르겠지만 그 핵심은
공통적일 것입니다. '좋은 부모'가 되어야겠다!

그렇다면 아이를 어떻게 키우는 부모가 좋은 부모일까

요? 아이를 키우는 일, 즉 양육은 사실상 많은 시간과 노력, 그리고 인내가 필요한 일입니다. 단순히 아이와 오랜 시간을 함께 보내는 것만이 반드시 좋은 것이라고 할 수 없으며 오히려 시간의 양보다는 질적인 특성이 아이의 발달에 더욱 중요하다는 것이 많은 연구를 통해 밝혀진 결론입니다. 그러니 질적으로 좋은 양육 행동이 무엇인지, 그 기준에 나는 얼마만큼 부합하는지, 또 그렇지 못하다면 어떻게 무엇을 보완해야 할지에 대해 생각해 볼 필요가 있습니다.

양육 행동에 관한 심리학 연구로 가장 잘 알려진 미국의 아동발달 전문가 바움린드(D. Baumrind)의 이론에 따르면, 양육 행동은 부모의 애정과 통제 수준에 따라 4가지로 분류할 수 있습니다. 바로 권위적, 권위주의적, 허용적, 방임적 양육입니다. '권위적 양육 행동'이란, 아이에게 애정 표현을 많이 해주면서 동시에 엄격한 규칙과 통제를 적용하는 유형입니다. 즉 아이가 최대한 자율성을 키울 수 있도록 관심과 격려, 지지를 보내는 애정적인 태도를 갖추고 독립적이고 자기통제적인 사람으로 자랄 수 있도록 규칙을 부여하고 통제하는 유형에 해당합니다. 이어 '권위주의적 양육 행동'은, 부모의 말을 무조건 따르라는 식의 엄격하고 강압적인 태도를 취하면서 아이에 대한 애정 표현을 억제하는 양육 방식을 말합니다. 반면 '허용적 양육 행동'은 아이에게 애정적으로 매우 강하게 관여하면서 통제는 전혀 하지 않는 유형입니다. 아이가 원하는 것은 무엇이든 들어주는 유형에 해당합니다. '방임적 양육 행동'은 아이에게 애정 표현도 별로 하지 않으면서 통제도 가하지 않는 유형입니다. 말 그대로 방임하면서 아이의 삶에 전혀 관여하지 않는 태도를 보이는 경우에 해당합니다.

어떤 유형이 가장 이상적인 양육 행동에 해당할까요? 아이의 말을 무조건 수용하는 태도나 아이에게 어떠한 관여도 하지 않는 방임형은 아이의 발달에 좋을 리 없겠죠. 허용적 양육 행동은 아이가 다른 사람을 존중하고 존경하는 사람으로 성장하는 데 한계가 있고, 자기중심적인 경향을 보이기 때문에 오히려 인간관계에 대해 늘 불만족스러운 사람이 될 가능성이 높습니다. 또한 방임형 부모에게서 자란 아이들은 대개 자기통제가 잘 이루어지지 않아서 사회적 무능함을 보이는 사람으로 성장할 가능성이 높습니다. 권위주의적 보호자 밑에서 자란 아이들 역시 평소 보호자와의 의사소통에 있어 제한이 많았기에 마찬가지로 사회적 무능감을 보일 가능성이 높습니다. 결과적으로 권위적 양육 행동이 가장 이상적이라고 할 수 있습니다. 이러한 태도를 갖춘 부모로부터 성장한 자녀들은 대개 사회적 상호작용에 있어 유연하며 자기통제력이 높고 사람에 대한 신뢰가 높은 것으로 알려져 있습니다. 또한 성취지향적인 경향을 보이며 타인과의 관계에서 우호적이고 협조적인 태도를 보입니다.

그렇다면 권위적 양육은 구체적으로 어떻게 하는 것일까요? 그 답은 아이에게 '하지 말아야 할 것을 절대로 하지 않는 것'에서 찾을 수 있습니다. 좋은 부모가 되기 위해서 하지 말아야 할 것 중 하나는 '강압적인 태도'입니다. 부모가 아이에게 적당한 엄격함을 갖는 것은 중요하지만, 지나친 엄격함은 아이를 소극적이고 의존적인 사람으로 만듭니다. 이와 관련하여 또 한 가지 '하지 말아야 할 것'은 '완벽함의 추구'입니다. 부모가 아이의 실수나 단점을 인정하지 않고 완벽함만을 추구한다면 아이는 금세 지쳐버리게 되고 부모의 기대에 부응하기 위해 스트레스를 받게 되면서 눈치를 보는 아이로 성장할 수 있습니다. 아이의 요구를 너무 받아주면 버릇이 없어질 수도 있다는 생각에 때로는 아이에게 기울이는 애정과 사랑을 의도적으로 자제하는 부모도 있습니다. 이것 또한 하지 말아야 할 행동입니다. 사랑을 박탈당한 아이는 긍정적인 대인관계를 맺기 어려운 사람으로 성장할 위험성이 있기 때문입니다. 또한 아이에게 끌려다니지 않겠다는 생각에 아이의 말이나 의견은 거부하는 태도를 보이는 것역시 보호자가 하지 말아야 할 행동입니다. 그렇다고 아이에게 무조건 수용적인 태도만 보이는 순응적이고 유약한 모습도 좋지 않습니다. 아이의 말을 다 들어주다 보면 어느새 이러면 안될 것 같다는 마음이 생기게 되고, 그럼 다시 아이를 통제하려는 모습을 보이면서 일관성 없는 행동을 하게 됩니다. 그렇게 되면 부모는 물론이고 아이도 중심을 잡기가 어려워집니다. 또한 아이를 통제한다는 것은 양육에 있어 일관되며 엄격한 규칙을 적용한다는 뜻인데, 이를 아이에 대한 과잉보호로 착각하는 경우가 있어 주의가 필요합니다. 부모의 과잉보호는 아이를 의존적인 사람으로 성장하게 합니다. 독립성을 기를 기회를 잃어버리게 하는 것입니다.

아이는 성장 과정에서 여러 가지 사건들을 경험하게 됩니다. 그중에는 아마 고통스러운 일도 있을 것입니다. 이럴 때 부모가 고통과 좌절은 그것을 극복하는 과정에서 오히려 성장과 발전을 가져올 수 있는 것이라는 거시적 관점을 가지고 의연하게 대처하는 것이 중요합니다. 나만 겪는 불행함이 아닌, 언제든 일어날 수 있는 일이라는 태도를 가지고 사건이나 부정적 경험을 지나치게 확대해석하지 않도록 해야 합니다.

지금까지의 모든 내용을 종합해 보면, 좋은 부모가 된다는 것은 결국 아이에 대한 따뜻한 마음을 가지고 일관되고 안정적으로 애정을 쏟아붓는 일임을 알 수 있습니다. 이를 위해서는 아이의 특성을 잘 살펴보는 것도 중요하고, 아이가 현재 발달 단계의 어디쯤에 있는지를 파악하는 것도 중요합니다. 그렇지만 무엇보다 중요한 것은 아이와 행복한 관계를 맺고 완벽한 부모가 아닌, 최선을 다하는 부모가 되기 위해 노력하는 일일 것입니다.

도와주면
더 발달합니다

근접 발달 영역

네 살 아이가 자신이 좋아하는
만화 캐릭터가 그려진 퍼즐을 맞추고 있습니다. 옆에서 엄마가
아이와 함께 대화하며 퍼즐 맞추는 것을 도와줍니다.

아이 : 엄마, 이쪽에 파란색 조각이 필요해요.

엄마 : 그렇구나. 파란색 조각을 찾아보자. 여기 3개의 파란
색 조각이 있네… 이 중 어느 것이 그 자리에 맞을까?

그러자 아이가 세 개의 파란색 퍼즐 조각 중 한 개를 들어 보입니다.

> 아이 : 엄마, 찾았어요! 이게 맞을 것 같아요.
> 엄마 : 그래? 엄마 생각에는 그것보다는 이쪽 모서리가 둥근 것이 맞을 것 같은데…….

엄마의 말에 아이는 다른 파란색 퍼즐 조각 중 한쪽 모서리가 둥글게 된 것을 찾기 시작합니다. 그러다가 다시 하나를 집어 듭니다.

> 아이 : 엄마, 찾았어요. 이것 같아요!
> 엄마 : 그래? 그럼 그 부분에 조각을 맞춰볼까?
> 아이 : 네. 엄마, 꼭 맞아요. 이 조각이 맞았어요. 제가 찾은 게 맞았어요!

아이가 기뻐하여 퍼즐을 완성한 자신에 대해 매우 뿌듯해합니다. 이러한 아이와 엄마의 상호작용은 일상생활에서 흔히 볼 수 있는 장면일 겁니다. 평범해 보이는 이들의 대화 속에는 발달심리학적인 측면에서 매우 중요한 이론적 근거가 있습니다. '사회문화적 이론'이라고 분류되는 발달심리학 이론은, 아이의 인지 발달은 인지적 활동 그 자체도 중요하지만 반드시 사회적 맥락과 함께 이루어지는 것이라고 주장합니다. 즉 아이의 발달에는 아이 본인의 능력도 포함되지만, 주변의 타인과 아이를 둘러싼 사회문화적 환경이 매우 중요하게 영향을 미친다는 것입니다. 이러한 주장을 하는 대표적 학자로 레프 비고츠키(Lev Vygotsky)를 들 수 있습니다. 비고츠키의 이론은 아동 인지 발달의 대표적 학자인 피아제 이론과 대비됩니다. 피아제는 아이의 인지 발달 과정은 아이가 세상을 이해하기 위해 스스로 노력하고 적응해가는 과정이라고 주장합니다. 반면 비고츠키는 아동이 세상을 이해하기 위한 기술을 습득하는 과정이 인지 발달 과정이며, 이때 아이 주변의 타인이 지적 기술 습득을 열심히 도와주려는 노력을 기울이고, 아이는 이러한 타인과의 상호작용을 통해 인지 발달이 이루어지는 것이라고 주장합니다.

앞서 살펴본 예시에서, 엄마는 아이와 퍼즐을 함께 맞추면서 아이가 스스로 완성할 수 있도록 도와줍니다. 물론 엄마의 도움이 없어도 아이는 퍼즐을 완성할 수 있을 것입니다. 그렇지만 도움을 받았을 때 훨씬 빨리, 수월하게 퍼즐을 완성해낼 수 있었습니다. 아이들은 문제 해결을 위해 노력하는 과정에서 자신이 미처 깨닫지 못한 부분을 주변의 도움을 통해 해결함으로써 인지적 발달에 진전을 보일 수 있습니다. 이처럼 아이가 자신보다 더 많은 기술이나 능력을 가진 주변 사람의 도움으로 문제를 해결해나가면서 발달적 향상을 보이는 것을 비고츠키의 '근접 발달 영역' 이론이라고 합니다. 이때 주변인은 부모처럼 성인이 될 수도 있지만 때로는 손위 형제자매가 될 수도 있고, 자신보다 기술이나 지식을 먼저 습득하여 이미 그것에 더 익숙한 또래 친구가 될 수도 있습니다.

근접 발달 영역의 범위는 아이가 아무런 도움 없이 이미 잘 알고 있는 지식을 활용해서 문제 해결을 할 수 있는 최저 한계에서부터, 자기보다 유능한 타인의 도움을 받아서 해결할 수 있는 수준의 최고 한계까지 해당됩니다. 아이는 도움을 통해 보다 높은 수준의 문제 해결 능력을 가질 수 있지만 그 범위는 현재 자신의 인지 발달 수준에 기반을 두고 있다는 것입니다.

비고츠키가 주장한 근접 발달 영역 이론은 우리 주변에서 얼마든지 그 예를 찾아볼 수 있습니다. 태권도와 같은 운동 기술을 익힐 때나 피아노와 같은 악기를 배울 때, 아이는 이미 그 기술을 충분히 갖추고 있는 선생님의 도움으로 한 걸음씩 진도를 나갈 수 있게 되면서 차츰 더 숙련된 기술을 갖게 됩니다. 이때 아이의 발전은 무한정적인 것이 아니라 현재 숙련도에 기반을 두고 혼자의 힘으로 하는 것보다 조금 더 앞선 수준의 기술을 습득할 수 있습니다. 우리가 흔히 강조하는 눈높이 교육은 여기에도 적용할 수 있습니다. 아이보다 지식이나 기술이 숙련된 사람은 아이가 학습할 수 있도록 교육 내용과 수준을 적절히 조절해야 합니다. 이 수준을 얼마만큼 잘 조절해주는가 하는 것이 바로 유능한 안내자가 되는 데 필요한 조건입니다. 우리 주변에 잘 알려진 유명 강사, 코치, 지도자, 리더는 바로 이런 조절 능력이 뛰어난 사람들이 아닐까 합니다. 안내가 필요한 사람에게 적절한 수준의 도움을 제공하면서 그 사람의 잠재력을 최대한 끌어내기 때문입니다. 그런 점에서 아이가 가진 잠재력을 최대한 끌어내서 아이의 발달이 극대화할 수 있도록 하려면, 부모가 아이에게 필요한 도움의 내용과 방향에 대해 더 신중히 결정하고 조직화해야 할 것입니다.

잘못에 책임지는
아이로 키워주세요

도덕성 키우기

'바늘 도둑이 소도둑 된다'라는 속담이 있습니다. 대수롭지 않게 여겨지던 작은 잘못이 나중에는 되돌릴 수 없는 큰 잘못으로 이어질 수 있다는 의미입니다. 나쁜 행동, 부도덕한 행동, 비양심적 행동은 대수롭지 않게 보이는 작은 것일 때부터 바로잡아야 한다는 지침이지요. 인간은 사회적 동물이기에 양심과 도덕성은 일생을 살아가는 데 있어 매우 중요한 기준과 가치관이 될 수 있습니다. 그런 점에서 어린 시절부터 올바른 도덕성과 가치관을 심어주는 일은 매우 중요합니다. 그럼 어떻게 하는 것이 아이의 도덕성 발달에 긍정적인 도움이 될까요? 양육의 측면에서 몇 가지 도덕성 함양을 위한 지침을 살펴보겠습니다.

앞서 학령기 전 시기의 아이들은 절대주의적 도덕성을 가지며 규칙을 절대적인 것으로 믿는 경향이 있다고 말씀드렸습니다. 횡단보도를 건널 때는 초록색 불이 켜졌을 때 한 손을 들고 건너야 한다고 알려주면, 아이는 반드시 초록색 불일 때 한 손을 들고 길을 건너야 옳은 것이며, 그렇게 하지 않는 것은 옳지 않은 것이라는 식의 이분법적 사고를 합니다. 그렇기에 이 시기 아이들에게 도덕성 교육을 할 때는 가장 먼저 어떤 것이 바른 행동인지, 어떤 것이 해서는 안 되는 행동인지를 일일이 알려주는 것이 기본입니다. 자기 차례를 기다리는 것, 친구들과 다투지 않고 사이좋게 지내는 것, 남의 물건에 손대지 않는 것, 거짓말하지 않는 것, 다른 사람에게 폭력을 쓰지 않는 것 등등 알려줘야 할 행동 규칙도 아주 많습니다. 아이에게 조목조목 잘 지켜야 할 사항들을 가르쳐 주다 보면, 어느새 아이는 그러한 행동에 대해 해야 할 것, 하지 말아야 할 것에 대한 기준을 내면화하게 될 것입니다. 이때 반드시 기억하고 주의해야 할 사항이 하나 있습니다. 하지 말아야 할 행동을 알려줄 때 무조건 하지 말라고 하는 것은 효과가 없다는 것입니다. 무슨 행동이든, 어떤 상황이든 하지 말라는 말은 강압적으로 들리고 반항심을 불러일으키기 쉽습니다. 그렇기 때문에 그냥 하지 말라는 식의 일방적인 표현보다는, 왜 하면 안 되는지 간단한 이유를 설명해주는 것이 좋습니다. 여기에서 설명이란, 논리적이고 장황한 것이 아니라 간단명료하면서도 아이가 납득할 수 있는 것이어야 합니다. 예를 들어 가게나 식당에서 아무거나 만지는 아이에게, '이건 만지면 안 돼. 지지야…'라고 말하는 것보다는, '이런 걸 만지면 다칠 수 있고, 다치면 아야! 하니 만지면 안 돼'라고 말해주는 것이 좋습니다. 그럼 아이는 내가 아플 수 있는 위험한 것이니 만지지 말아야겠다고 생각하게 됩니다. 때로는 아이가 직접 경험을 통해 습관을 고치게 되기도 합니다. 이른바 깨달음을 통한 도덕적 행동의 습득인 것이죠. 뜨거운 것을 만지다가 손을 데이고 나면 이후에는 함부로 불 가까이에 가는 위험한 행동을 하지 않는 것처럼요. 이처럼 직접적인 경험을 통한 규칙의 습득은 즉각적인 효과가 있을 수는 있지만, 위험할 수도 있기 때문에 부모가 옆에서 지도하고 설명해주는 것이 더 좋겠지요.

'바늘 도둑이 소도둑 된다'라는 속담은 도덕성을 함양하는데 있어 자주 인용됩니다. 다른 사람의 물건에 함부로 손을 댄다는 것은 매우 부도덕한 일입니다. 그런데 이 속담을 통해서도 부모가 아이에게 도덕성을 가르치는 것에 관한 지침을 생각해볼 수 있습니다. 정말로 아이가 남의 물건을 몰래 가지려 했다는 것을 알게 되면 어떻게 해야 할까요? 막상 내 아이가 그런 일을 벌인다면 너무나 당황스러운 마음에 화가 날지도 모릅니다. 그래서 아이에게 심한 말을 하면서 야단치게 됩니다. 물론 크게 혼을 내서라도 반드시 고쳐야 할 일임에는 틀림없습니다. 그런데 아이를 혼내기 전에 먼저 생각해야 할 것이 있습니다. 아이가 소위말하는 '나쁜 짓'을 했다면, 그 행동을 왜 했는지 먼저 헤아려보아야 합니다. 아이의 행동에는 분명히 이유가 있을 것입니다. 보통 나쁜 행동은 아무 이유 없이 공연히 일어나는 경우가 거의 없습니다. 아이도 그런 행동은 나쁘다는 것을 알고 있기 때문입니다. 또한 아이의 잘못된 행동을 지적할 때에는 반드시 아이의 행동에만 초점을 맞추어야 합니다. 아이를 혼내다 보면, '그런 짓을 하면 나중에 범죄자가 된다'거나 '벌써 이런 짓을 하다니 나중에 커서 뭐가 되려고 하느냐'는 식의 거친 말들이 불쑥 튀어나올 수 있습니다. 그러나 이것은 인격모독의 발언이 될 수 있습니다. 올바르게 야단치기 위해서라도 아이가 왜 그랬는지 이유를 파악해야 합니다. 그러면 아이 마음을 다치지 않게 야단칠 수 있는 말을 찾을 수 있을 것입니다.

또 한 가지 중요한 것은 아이가 잘못을 했을 때 단지 야단치는 것에서 그치지 말아야 한다는 겁니다. 앞으로 다시는 그런 행동을 하지 못하게 하는 것까지가 훈육입니다. 그러기 위해서는 아이가 자신의 행동을 제대로 인식하고 책임을 지게 해서 다시는 그런 행동을 하지 않아야겠다는 생각으로 이어지도록 해야 합니다. 자신의 잘못에 대해 상대방에게 사과하게 하는 것도 잘못에 책임을 지는 하나의 방법이 될 수 있습니다. 또는 일주일 동안 청소를 시키거나, 평소 아이가 좋아하는 모바일 영상의 시청을 금지하는 것과 같은 적절한 벌칙을 통해 아이가 자신의 행동에 대한 잘못을 인식하고 모든 행동에는 책임이 따른다는 사실을 분명히 알게 하는 것이 중요합니다.

창의적인 아이는
무엇이 다를까요?

창의성 발달

　　　　　　　　과거에 사람이 하던 많은 일을
인공지능 로봇이 대신하는 세상이 되었습니다. 그러나 이러한
시대에도 절대로 대체될 수 없는 일이 바로 창의성이 필요한 작
업입니다. 그런 점에서 창의성은 현대 사회에서 더욱 강조되는
경쟁력이자 가치라고 할 수 있습니다.

　　흔히 우리나라 교육의 가장 큰 문제점으로 주입식 교육이
지적됩니다. 지금은 교육 과정과 교과목, 대학 입시나 입사 시험

등에서도 창의성을 키울 수 있는 방향으로 프로그램이 개편되고 있습니다. 누구나 우리 아이가 구태의연하고 매너리즘에 빠진 기성세대의 가치관을 답습하지 않고 보다 창의적이고 독자적인 아이로 컸으면 하고 바랄 것입니다.

그렇다면 과연 아이의 창의성은 어떻게 길러지는 것일까요? 음악의 신동이라 불리는 모차르트(W. A. Mozart)는 이미 5~6세부터 작곡을 했다고 알려져 있습니다. 비단 음악 분야만이 아니라, 미술, 체육, 무용 등과 같은 예술 분야의 많은 천재적 인물들의 이야기를 들어보면, 창의성이란 천재성과 연관이 있는 것 같다는 생각이 들기도 합니다.

창의성은 어떤 특별한 재능이기도 하지만 우리의 사고 특성의 한 가지 형태이기도 합니다. 창의성에 관한 많은 연구들은 인간의 창의성이 대부분 성인기 초기에 해당하는 30대에 폭발적으로 나타난다는 것을 밝히고 있습니다. 그러나 그 시기에 폭발하는 창의성은 그 나이에 이르러 갑자기 나타나는 것이 아니라 어린 시절부터 꾸준히 경험한 것의 집약체라고 말할 수 있습니다. 그러니 우리 아이들이 보다 창의적인 경험을 할 수 있도록 부모가 조언하고 지도하는 것은 매우 중요할 것입니다.

창의성 연구의 대가로 잘 알려진 미하이 칙센트미하이(Mihaly Csikszentmihalyi)는 예술, 교육, 과학, 경영, 정부 등의 다양한 분야에서 선도적인 인물들을 인터뷰하고 분석한 결과 창의적인 사람들의 특징을 발견했습니다. 그것은 바로 '몰입(Flow)'입니다. 몰입이란 우리가 어떤 일에 열중해서 완전히 푹 빠지게 되면 매우 고양된 즐거움을 경험하게 되는데, 바로 이러한 상태를 말합니다. 우리가 해야 하는 많은 일들은 대부분 즐거워서 한다기보다는 해야만 하는 의무감에서, 또한 자신을 단련하기 위한 노력의 일환으로, 또는 그냥 해야 하는 것이니 하는 경우가 많습니다. 때문에 별다른 즐거움이나 의미를 못 느끼며 하게 되는 것이죠. 그런데 아이들은 어른들보다는 비교적 자신들이 하고 싶은 일, 정말 즐거워서 하는 일들을 더 자주 경험하는 편입니다. 누구나 자신이 정말로 좋아하는 일을 하면서 배고픔도 잊고, 한눈팔지도 않고 오롯이 그 일에만 집중하게 되는 경험을 해보았을 것입니다. 그리고 그 시간 동안의 열정과 몰입했던 자아에 대해 뿌듯함을 느꼈던 경험도 있을 것입니다. 그러므로 아이들이 몰입할 수 있는 기회를 많이 만들어주어야 합니다. 그런 시간이 많을수록 창의성이 자라기 때문입니다. 아이가 무언가에 집중하고 있을 때는 방해하지 않도록 하는 것이 매우 중요합니다. 아이들이 밥을 먹는 것도 잊고 집중하고 있는 일들은 대개 부모의 눈에는 별 거 아닌, 사소해 보이는 것들이 대부분입니다. 하지만 아이는 그 순간 그 일에 온전히 몰입한 채 자신의 생각과 행동에 흠뻑 빠져 있는 것이기 때문에, 부모가 아무리 '그만해야지', '숙제해야지', '밥 먹어라' 등의 말을 해도 전혀 들리지 않을 것입니다. 그러니 사소해 보이는 일이라도 아이가 집중하고 있다면 방해하지 말고 잠시 내버려 두는 것이 좋습니다. 사람은 누구나 자신이 좋아하는 것을 할 때 즐겁고, 잘 해낼 수 있는 것을 할 때 자존감이 높아집니다. 이처럼 자신이 좋아하고 잘할 수 있는 것을 할 때 창의력도 자라나게 되는 것입니다.

칙센트미하이는 창의적인 사람들과의 인터뷰를 통해 몰입 외에도 창의성을 위한 가장 중요한 가치를 발견했습니다. 그것은 바로 '호기심'과 '흥미'입니다. 즉 창의적인 삶을 영위하기 위해서는 호기심과 흥미를 갖도록 자신을 계발해야 합니다. 그럼 호기심과 흥미는 어떻게 유발할 수 있을까요? 칙센트미하이의 조언에 따르면, 일상 속에서 매 순간 놀라움을 경험하려 하고, 나 또한 남에게 놀라움을 줄 수 있도록 스스로 노력하는 것이 중요합니다.

우리는 일상에서 많은 것을 보고, 듣고, 읽고, 느끼는 등 오감을 활용하여 수많은 경험을 하게 됩니다. 늘 하는 일을 하는 것이라 생각하겠지만 오늘의 경험은 어제의 그 일과 결코 똑같지 않으며 내일 있을 그 일과도 전혀 다른 오직 그 순간만의 경험입니다. 그러니 똑같은 일이라고 무심히 지나치기보다는 순간의 경험이 모두 소중하다는 마음으로 늘 새로운 체험을 할 수 있도록 노력하며 사는 것이 중요합니다. 아이들에게도 작은 행동 하나하나가 매우 의미 있는 새로운 경험이라고 느낄 수 있도록 동기를 부여해주는 것이 중요합니다. 그러기 위해서는 아이가 오감이 자극되는 생생한 체험을 많이 할 수 있도록 해줘야 합니다. 정교하게 그려진 그림이나 사진으로도 동식물의 이름을 알 수 있지만, 실제로 손으로 만져보고 눈으로 바라보는 경험으로 그 사물을 알게 되는 것과는 큰 차이가 있습니다. 그러니 아이들이 적극적으로 직접 체험할 수 있는 기회를 많이 만들어주어야 합니다.

창의력을 키우기 위해 중요한 또 한 가지는, '창의성을 발휘할 수 있는 환경' 속에서 시간을 보내도록 하는 것입니다. 창의성이 발휘되는 환경은 어떤 환경일까요? 그것은 바로 일상에서 벗어나 자유로움을 느낄 수 있는 새로운 환경입니다. 일과를 시작하기 전에, 또는 일과를 마치고 산책을 하거나 조깅을 하는 것, 취미로 수영을 하는 것, 또는 내가 좋아하는 그림을 그리는 것과 같은 순간들이 창의적인 사고가 발생하는 시간이라고 합니다. 또 어떤 연구 결과에서는 아침에 아직 잠이 덜 깬 것 같은, 반쯤 깨어 있는 상태에서 특이한 발상이나 새로운 생각들이 잘 떠오른다는 보고가 있습니다. 앞서 언급한 취미 활동을 할 때와 반수면 상태일 때의 공통적인 특징은 스트레스 없이 충분히 이완되어 있는 상태라는 것입니다. 따라서 창의성이 발휘되기 위해서는 긴장감 없는 이완된 상태를 유지하는 것도 중요합니다. 아이가 특별히 뭔가를 하지 않고 빈둥거리고 있으면 불안해하는 부모들이 많습니다. 계속해서 무언가를 하거나 배워야 한다고 생각하기 때문입니다. 그렇지만 아이가 혼자서 궁리해 보는 시간을 갖는 것 또한 창의성 함양을 위해 반드시 필요합니다. 그러니 창의적인 사람으로 성장시키기 위해서는 아이가 긴장감 없는 편안한 분위기에서 자유롭게 무언가 혼자 궁리해 보고 시도해 볼 수 있는 시간을 많이 갖도록 해줄 필요가 있습니다. 그렇다고 해서 아이를 무조건 혼자 내버려 두라는 의미는 아닙니다. 만일 아이가 질문을 한다면, 특히 그 질문이 몹시 엉뚱하고 말도 안 되는 질문인 것 같다 할지라도 다정히 귀 기울여 주고, '글쎄… 왜 그런지 함께 생각해볼까?'와 같은 말로 아이의 질문에 답해주려고 노력해야 합니다.

　이와 관련하여 또 하나 중요한 사항이 있습니다. 창의성과 높은 연관성을 지닌 사고 형태는 '확산적 사고'입니다. 무언가 많은 생각을 산출해내는 것이 확산적 사고이며, 문제 해결을 위해 가능한 여러 대안 중 적절한 것을 찾아내어 한 가지 결론에 이르는 것을 '수렴적 사고'라고 합니다. 확산적 사고를 활성화하기 위해서는 부모가 아이에게 질문을 던질 때 '그럴까, 안 그럴까?'와 같은 선택적 질문을 하기보다는, '만약 그렇다면(또는 그렇지 않다면) 어떻게 할래?'와 같은 형태의 확산형 질문을 던져주어 아이가 스스로 생각할 수 있는 기회를 주는 것이 중요합니다.

자, 그럼 이러한 조언에 따라 우리가 일상생활에서 아이들의 창의성을 키우기 위해 지켜야 할 사항들을 간단히 정리해 볼까요?

〔아이의 창의성을 길러주기 위한 방법〕

- ☑ 아이가 무언가에 집중하고 있을 때는 방해하지 않도록 합니다.
- ☑ 아이가 오감을 자극하며 체험할 수 있는 기회를 많이 만들어줍니다.
- ☑ 아이가 스스로 무언가 할 수 있는 자유로운 집안 분위기를 만들어줍니다.
- ☑ 아이의 사소한 말에도 귀 기울여주고, 아이에게 질문을 할 때에는 확산형 질문을 통해 스스로 생각할 기회를 만들어줍니다.
- ☑ 자연 속에서 생생한 체험을 할 수 있는 기회를 많이 만들어줍니다.

혼자만 노는
아이

      아이가 어린이집에 다니기 시작하면 부모는 과연 우리 아이가 잘 적응할 수 있을지 걱정하기 시작합니다. 적응을 잘한다는 것은 어떤 의미일까요? 선생님 말씀을 잘 듣고 또래 친구들과는 사이좋게 지내는 것을 의미하겠지요. 우리 아이가 친구들 사이에서 인기가 많다면 부모 입장에서는 더 기분이 좋을 것입니다. 또래 친구들과 상호작용한다는 것은 드디어 아이가 부모의 울타리를 넘어 사회적 인간관계를 맺기 시작했음을 의미하니까요. 아이는 학교에 입학하기 전까지 대부분의 시간을 또래 친구들과 보내게 됩니다. 2~5살 무렵의 아이에게 또래 친구는 아주 중요한 역할을 합니다.

영유아기의 아이들은 다른 아이의 행동을 모방하거나 물건을 주고받는 것으로 상호보완적 관계를 형성합니다. 그리고 2세 이후부터 또래와의 상호작용이 급격히 증가하면서 관계는 한층 더 정교해집니다. 만 2~5세 아이들은 사회적 몸짓이 더 넓은 대상에게로 확대되면서 관계도 더욱 사교적으로 변화하는 경향이 있습니다. 관찰 연구를 통해 이 시기 아이들의 또래 관계를 탐색해 본 결과, 2~3세의 아이들은 또래보다는 어른들 곁에서 신체적인 애정을 추구하는 경향이 더 많았습니다. 그런데 4~5세 무렵이 되면 어른들보다는 또래에게 더 큰 관심을 보이며 그 사이에서 인정을 받으려는 사교 활동이 활발히 이루어진다는 것을 발견했습니다. 이처럼 아이들이 또래를 통해 사회적 관계를 확대시켜나가는 동안, 관계의 질적 측면에서도 변화가 일어납니다. 만 2세 무렵은, 친구가 옆에 있다는 것은 인지하지만, 자기 혼자 놀이에 열중하며 상호작용은 이루어지지는 않는 이른바 '혼자 놀이'의 시기입니다. 이후 아이들은 다른 아이 주변을 서성거리고 구경하기는 하지만 놀이에 끼어들지는 않는 형태의 '방관자 놀이'의 시기를 거치게 되고, 곧이어 '병행 놀이'

시기로 넘어가게 됩니다. 병행 놀이 시기는 만 3~4세 무렵의 아이들에게서 발견되는 것으로, 또래들끼리 모여 함께 놀기는 하지만, 서로에게 영향을 주고받는 상호작용은 이루어지지 않는 시기입니다. 이후 만 5~6세가 되면 아이들은 서로 장난감을 공유하거나 놀잇감을 바꾸어 노는 것과 같이, 자신의 놀이에 집중하면서도 서로의 활동에 대해 대화하고 말을 거는 '연합 놀이' 시기를 거칩니다. 이후 좀 더 또래 관계가 성숙해지면서 아이들은 서로 공동의 목표를 가지고 협동하고 '상호호예적' 역할을 수행하는 사회적 놀이가 이루어지는 '협동 놀이' 시기에 다다르게 됩니다. 특이한 점은, 이러한 다양한 또래 놀이는 시기가 지나가도 사라지지 않고 오히려 나이가 들어갈수록 모든 형태가 함께 나타나는 경향이 있다는 것입니다.

아이들에게 또래 관계가 중요한 이유는, 이 시기 아이들에게 있어 또래 친구는 서로에게 중요한 '사회적 역할 모델'이 되기 때문입니다. 또한 서로에게 중요한 '강화자'로서의 기능도 있습니다. 이 시기의 아이들은 또래를 통해 보고 배울 수 있을 뿐만 아니라 서로에게 하는 칭찬이나 비난에 민감하게 반응하면서 강화와 보상의 역할을 하게 되기 때문입니다. 아이가 스스로를 평가할 수 있는 기준을 또래를 통해 찾을 수 있다는 점에서 또래 친구는 '사회적 비교'의 기능도 하게 되며, 이와 더불어 '사회적 지지'의 기능도 하게 됩니다. 사회적 지지는 아이들뿐만 아니라 어른들에게도 매우 중요한 기능입니다. 어렵고 힘든 상황에 처하게 되었을 때, 누군가로부터 물리적 도움을 받거나 정서적 위안을 얻는 것, 또는 충고나 도움말을 듣게 되는 것, 단지 옆에 있어 주는 것과 같은 다양한 형태의 사회적 지지는, 우리의 정신 건강에 이로울 뿐만 아니라 일상생활 속에서도 매우 중요한 역할을 합니다. 따라서 아이들이 또래 관계를 통해서 사회적 지지의 기능을 경험할 수 있다는 것은 아이의 사회성과 정서적 발달에 있어 매우 중요한 의미를 갖습니다.

또래 관계의 특징과 발달적 경향성, 기능의 측면을 염두에 두고 아이의 또래 관계에서 이루어지는 놀이의 양상을 한 번 점검해 보는 것이 좋습니다. 예를 들어 5세 아이가 퍼즐 맞추기와 같은 '혼자 놀이'를 하고 있다면 사회성이 부족하다거나 미숙하다고 할 수 없습니다. 하지만 계속해서 혼자 놀이만을 고집하고 또래들과의 협동 놀이는 강하게 거부한다면, 부모나 선생님과 같은 어른들의 지도와 안내가 필요합니다. 또한 혼자 놀이가 반드시 문제 행동과 연관되지는 않지만 성별에 따라 그 의미가 다르게 적용되기도 합니다. 이 시기 또래 관계를 통한 놀이의 형태에서 남녀 차이가 크게 나지는 않지만 집단 놀이는 여자아이들보다는 남자아이들에게서 더 많이 볼 수 있는 놀이 형태입니다.

따라서 유치원에서 또래 남자아이들이 함께 놀면서 상호작용을 하는 가운데 어떤 남자아이가 혼자서 놀거나 말없이 방관자적 행동을 하고 있다면 다른 또래 친구들이나 유치원 교사의 눈에 이상하게 보일 수 있습니다. 심하게는 반사회적 행동을 하는 것으로 보일 수 있고 그런 이유로 이후에 또래 친구들에게 무시를 당하거나 회피의 대상이 될 수도 있습니다. 또한 남녀 성별에 상관없이 지나치게 혼자 놀이를 고집하는 아이는 이 시기 아이들이 또래 관계를 통해 얻을 수 있는 중요한 사회적 기술을 습득하지 못하게 됩니다. 그러므로 사회성 발달에 있어 중요한 지표가 되는, 아이의 노는 모습과 또래와의 관계를 주의 깊게 살펴보는 것이 중요합니다.

인기 있는 아이는
무엇이 다를까요?

또래 수용

　　　　　　부모는 자녀가 장차 어떤 사람
으로 성장하기를 바랄까요? 여러 가지 바람이 있을 수 있지만
대표적인 것 중 하나는 사회적 성공이 아닐까 합니다. 사회적 성
공이란 어떤 것일까요? 돈을 많이 버는 것, 사회적 지위가 높은
사람이 되는 것, 좋은 직장에 취직하는 것, 행복한 가정을 꾸리
는 것 등 아마도 많은 것들이 사회적 성공에 해당될 수 있을 것
입니다. 그리고 그중에는 아마도 사람들에게 존경받는 사람, 인

정받는 사람으로 성장하는 것도 포함될 수 있습니다. 사람들에게 인정받는 사람이라는 것은 많은 사람들로부터 '좋은 사람', '괜찮은 사람', '훌륭한 사람'이라는 말을 듣는 것이겠지요. 그런 점에서 아이들의 사회성에 관한 문제는 발달의 모든 영역에 걸쳐 중요한 주제이며, 사회성 발달의 다양한 측면 중에서도 '또래 수용'이라는 주제가 큰 관심사로 오랫동안 주목받아 왔습니다.

'또래 수용'이란, 어떤 아이가 또래들로부터 존재로서의 가치가 있으며 호감 가는 동료로 인식되는 정도를 의미합니다. 즉 또래들의 눈으로 보이는 한 개인에 대한 호감도의 정도로써, 그 아이를 좋아할 또는 싫어할 가능성이 얼마나 되느냐를 말합니다. 또래 수용은 친구 관계를 통해 개인적으로 우정을 쌓는 것과는 구별되는 개념으로, 한 개인에 대해 집단이 인식하고 평가하는 것이라는 특징이 있습니다. 그럼 또래 수용은 어떻게 측정할 수 있을까요? 그 방법으로 '사회측정법'이라는 것이 있습니다. 사회측정법은 아이들에게 또래 동료에 대한 질문을 하고 그 질문에 대한 자기보고식 대답을 통해 측정됩니다. 아이에게 직접 좋아하는 아이, 싫어하는 아이가 누구인지 이름을 물어보거나 같은 반 친구들 각각에 대해 5점 만점으로 점수를 주게 하는 방법을 사용하기도 합니다. 일례로 '매우 함께 놀고 싶다'부터 '절대로 같이 놀고 싶지 않다'까지의 정도를 5점 척도로 구성하여 대답하게 하는 방법이 있습니다. 많은 연구들이 공통적으로 보고하는 것은, 3~5세의 아동들도 사회측정 조사의 질문에 대해 적절한 답변을 할 수 있으며, 그 결과의 신뢰도와 타당성 역시 높다는 것입니다. 사회측정법에 의해 또래들 사이에서 수용도가 높게 나타난 아이들은 대부분 또래들과의 관계에 있어 우호적인 표현을 하고 또래에게 자신을 명확하고 직접적으로 드러내 보이려는 노력을 하는 것으로 나타났습니다. 반면, 또래 수용도가 낮은 아이들은 상호 대면의 상황을 피하려 하거나 어떻게 상호작용을 해야 하는지 잘 모르는 것 같은 당혹스러움을 나타낸다는 특징이 발견되었습니다. 또한 또래들 사이에서 갈등을 자주 경험하고, 분쟁이 발생하면 비언어적인 저항을 보이거나 통제적인 전략을 활용함으로써 갈등을 해결하려는 경향이 있습니다. 또 갈등이 마무리된 후에도 부정적인 감정을 더 많이 드러내는 경향이 있었습니다.

　　사회측정법을 통해 분석한 자료에 의하면, 아이들의 또래 관계에 대한 사회적 수용도는 크게 네 가지 유형으로 분류될 수 있습니다. 첫 번째 유형은 '인기 있는 아이'입니다. 이 유형은 또래 집단의 많은 구성원이 좋아하며, 싫어하는 구성원이 매우 적은 아이들에 해당합니다. 인기 아동으로 분류되는 아이들의 특징은 친사회적인 행동을 하고 지도력이 있는 편이며 자아개념이 긍정적인 특성이 있습니다. 또래들 사이에 갈등이 생겼을 때는 그 갈등을 최소화하기 위한 다양한 시도를 하고 또래들과의 관계를 잘 지속시켜나가기 위해 직접적으로 긍정적인 감정을 표현하고 행동하는 아이들입니다. 두 번째 유형은 '거부되는 아이'입니다. 이 유형의 아이들은 대체로 또래들에게 공격적인 성향을 표출하고 과제 성취도가 낮은 편입니다. 또래 사이에서 협동하려 하지 않고 심하게 떼를 쓰기도 하며 공격적 행동을 하거나 반사회적 주장을 하는 편입니다. 사람들과의 접촉을 꺼리는 경향도 있습니다. 세 번째 유형은 '무시되는 아이'입니다. 이 유형의 아이들은 또래 집단의 구성원들로부터 좋거나 싫다는 선호도의 지명을 거의 받지 않는 유형입니다. 일반적으로는 수줍은 아이로 인식되는 유형이라고 할 수 있습니다. 말이 없는 편이며 비활동적이고, 낯선 상황에서 아이들과 어울리거나 새로운 친구를 사귀는 것에 어려움을 느끼고 망설이거나 두려워하는 행동을 하는 경우가 많습니다. 네 번째는 '논란이 많은 아이'로 분류되는 유형으로, 많은 아이들로부터 좋아하는 아이로도 싫어하는 아이로도 지명받는 아이입니다.

아마 모든 부모들이 우리 아이가 '인기 있는 아이' 유형에 속하길 바랄 것입니다. 그렇다면 인기 있는 아동들은 또래들에게 친절하고, 협조적이며 비공격적인 특성을 가진 것 때문에 인기가 있는 것일까요? 아니면 인기가 많아서 더 친절하고, 더 협조적이며, 덜 공격적인 것일까요? 두 가지 방향성 모두가 인기 있는 아동에 대한 결과를 나타내지만, 우선적으로는 아이의 행동이나 성향이 협동적이고 친절하면 인기를 얻기에 유리한 것으로 보고 있습니다.

또래 수용이 낮은 유형의 경우로는, '무시되는 아이'와 '거부되는 아이' 두 가지가 해당됩니다. 이때 무시되는 아이의 경우는 거부되는 아이에 비해 그다지 나쁜 결과로 이어지지는 않습니다. 거부되는 아이들에 비해 외로움을 느끼지 않고, 이후 학급이 바뀌거나 놀이 집단이 바뀌게 되면 새로운 또래 관계 지위를 획득하기도 합니다. 반면 거부되는 아이 유형의 아동은 이후 성장하면서도 지속적으로 반사회적 행동을 하는 경향이 있고 심각한 적응 문제에 직면하는 경우가 많은 것으로 밝혀졌습니다. 그러므로 내 아이가 거부되는 아이 유형에 해당하는 것은 아닌지 신중히 살펴볼 필요가 있습니다. 결과적으로 인기 있는 아이가 되는 것이 목표가 될 수 있겠지만, 사실상 그런 성향을 가진 아이는 매우 일부입니다. 실제 연구 결과, 위에서 언급한 네 가지 또래 수용 유형을 다 합친 수치는 그 시기의 전형적인 또래 아이들의 약 70%만을 포함합니다. 나머지 30%에 해당하는 아이들은 '평균지위 아동'으로 분류되며, 또래 집단의 절반이 좋아하고 절반이 싫어하는 유형에 해당합니다.

　　한편, 지금까지 살펴본 사회적 수용 유형에 대한 성격적, 행동적 특성은 대체적으로 그런 경향이 있다는 것이지 반드시 그렇다는 것은 아니라는 점을 유의해야 합니다. 특히 무시되는 아이로 분류되는 아이 중에는 평균적인 아이와 특별히 다른 양상이 나타내지 않는 경우도 많이 있습니다. 그러니 집단 내에서의 사회적 지위는 언제든 변할 수 있다는 점에 유의하면서 아이가 또래 집단으로부터 부정적인 평가를 받고 있을 경우 이후 바람직하지 않은 방향으로 그러한 인식이 고착되지 않도록 신경 써줘야 할 것입니다.

외둥이라 버릇이
없을까 봐 걱정이에요

아이가 유치원에서 또래 친구들과 사이좋게 지내기를 바라는 것은 모든 부모들의 공통적인 바람입니다. 외둥이인 우리 아이가 밖에서 친구와 다투고 돌아오면 '혹시 외둥이라서 남들을 배려할 줄 모르고 자기만 아는 이기적인 아이로 자라는 건 아닐까' 하는 걱정이 생깁니다. 어떤 외둥이는 실제로 친구들과 잘 사귀지 못하고 혼자만 있으려 하기도 합니다. 그럼 부모 입장에서는 '혼자 자라서 사람들과 어울리지 못하고 사회성에도 문제가 있는 것은 아닐까?' 하는 염려가 들기도 합니다. 형제자매 없이 자라는 외둥이들은 과연 우리의 걱정대로 버릇없고 이기적이고 뭐든 자기 마음대로 하려고 할까요? 혹은 부모가 뭐든 다 들어주는 경향이 있다 보니 남들과 어울리지 못하고 소극적이며 사회성 발달에 문제가 있는 아이로 자라기 쉬울까요?

이 두 가지 질문 모두에 대한 답은 단호히 '아니요'입니다. 아이들의 사회성 발달에 관한 수많은 연구에서 밝혀진 바에 따르면, 오히려 외둥이들이 그렇지 않은 아이들보다 평균적으로 자존감이나 성취동기가 높다는 것을 알 수 있습니다. 그렇다고 해서 형제자매보다 외둥이가 성취의 측면에서 더 유리하다고 할 수 있느냐 하면 그 대답 역시 '아니요'입니다. 즉 형제자매 관계를 통해 발달이 이루어지는 측면이 분명히 있지만, 외둥이라고 해서 불리한 것 또한 아니라는 것입니다. 외둥이들은 또래들과의 연합이나 친구들 간의 우정을 키우는 방식으로 형제자매가 없어서 놓칠 수 있는 점들을 보완해나갈 수 있습니다.

이번에는 형제자매가 있는 아이의 경우를 살펴보겠습니다. 형제자매 관계는 분명히 아이의 성장과 발달에 긍정적인 영향을 미칩니다. 둘째 아이의 출산 후에 첫째 아이가 동생을 질투하며 부모로부터 받았던 사랑을 다시 독차지하기 위해 이상한 행동을 하는 것을 많은 부모들이 경험해 보았을 것입니다. 갑자기 생긴 동생에게 보이는 첫째 아이의 행동을 마주하게 되면, 부모 입장에서는 둘째의 출생이 마냥 기쁠 수만은 없는 것도 현실입니다. 사실상 둘째가 태어나면 첫째에 대해 기울였던 관심이 무심결에라도 소홀해질 수 있고 그러한 반응에 대해 첫째는 부모를 힘들게 하는 것으로 마치 보복하는 것 같은 행동을 하기도 합니다. 그런데 많은 경우 그런 첫째 아이의 반응에 부모들은 양보를 가르치려 하고, 그로 인해 부모와 첫째 아이의 거리가 더 멀어지는 악순환을 겪게 됩니다. 형제들 간의 질투나 경쟁심, 미움의 감정 등은 자연스런 현상이며 이러한 형제 간 경쟁의식은 동생이 태어나자마자 바로 시작됩니다. 그것을 최소화하는 방안은 부모가 첫째 아이에 대해 지속적인 관심과 애정을 기울이면서 안정적인 애착관계를 유지하려고 노력하는 것입니다. 손위 아이에게는 동생의 존재를 알게 하고 부모를 도와 동생을 돌보도록 유도하는 것이 도움이 됩니다.

동생의 등장으로 인해 처음에는 다소 당황스러운 반응을 보이던 첫째 아이도 대부분은 새로 태어난 동생에 대해 아주 빠르게 적응하면서 형제자매 관계를 발달시켜나가게 됩니다. 하지만 얼핏 문제없이 매우 우애 있어 보이는 형제자매 관계에서도 당연히 경쟁과 갈등은 있고 이는 정상적이라 할 수 있습니다.

형제자매 관계에서는 주로 자신들의 소유물이나 놀이와 역할에 대해서 갈등이 생기기 쉽고, 그런 갈등 상황에서 서로 자신이 옳고 상대방이 나쁘다는 식의 주장을 하게 되면서 갈등이 가속화되는 양상을 보입니다. 그러나 이 같은 다툼은 아이들이 성장하면서 차츰 줄어들고, 갈등이 생기더라도 그것을 건설적인 방향으로 해결하려는 변화를 보입니다. 그리고 대부분의 손위 형제자매들은 동생들에게 가끔은 지배적인 성향을 보이기도 하지만 많은 경우에 있어 도움을 주고 긍정적인 사회적 행동이 무엇인지 모범을 보이는 존재가 됩니다. 사회적으로 용인되는 행동, 친사회적 행동이 무엇인지에 대해 안내자로서의 역할을 하게 되는 것입니다. 즉 손위 형제자매의 가장 긍정적 역할 중 하나는 바로 동생을 돌보는 것이라 할 수 있습니다. 돌본다는 것에는 여러 가지 의미가 있습니다. 걸음마를 막 시작한 동생이 한 걸음 한 걸음 옮길 때마다 옆에서 넘어지지 않도록 잘 지켜보는 것도 돌봄의 한 가지 유형입니다. 낯선 상황에 처해 있을 때 옆에 손위의 형제자매가 있다는 것이 동생에게는 매우 든든한 정서적 지지가 됩니다.

한 연구에서 4세 아동을 대상으로 형제자매 관계에서의 손위 형제자매의 역할과 기능을 탐색해 본 결과, 손위의 형제자매가 자신의 주 양육자(주로 엄마)와 매우 안전한 애착관계를 형성한 경우에 자신의 동생들에 대해 어떤 방식으로든 위로와 보살핌을 제공한다는 것을 발견하였습니다. 특히 아이가 상대방의 입장을 이해하기 시작하면서 '역할수용 기술'이 발달하기 시작하면, 자신의 동생이 스트레스를 받는 이유를 헤아리기 시작하며 어떻게든 동생에게 위안을 주려 한다는 사실도 밝혀졌습니다. 형제자매들은 나이가 들어갈수록 부모를 신뢰하는 것보다 더 서로를 믿고 의지하며 보호해주려는 경향을 보입니다. 형제자매들이 서로 견고한 결속력을 형성하게 되면 그들 중 누군가가 또래 집단에서 따돌림을 당하거나 무시를 당하게 되어 불안감을 보일 때에도 도움을 주는 중요한 존재로서 의미가 있으며, 더 나아가 또래들과의 관계에서 입지를 향상시킬 수 있도록 경험이나 사회적 기술을 전해주는 역할도 하게 됩니다. 아이들은 자신보다 유능한 또래를 통해 도움을 받고 학습 능력이 촉진되기도 하지만, 연구 결과 대부분은 손위 형제자매를 통해 도움을 받는 것을 더 우선시하는 경향이 있음을 발견하였습니다.

형제자매 관계를 통해 발달이 촉진되는 것은 그들 간의 상호작용의 빈도와 강도에 의해 영향을 받습니다. 사소한 싸움일지라도 서로 더 자주 부딪히고 대화하며 밀접하게 관계를 유지하는 것이, 서로의 발달에 상승 작용을 일으키며 성숙한 조망수용 기술과 정서적 이해, 타협과 화해 능력, 도덕 발달을 이루도록 하는 데 매우 큰 도움이 됩니다. 그러니 아이들은 서로 싸우는 중에도 성장, 발달하고 있는 것이라 말할 수 있을 것입니다. 아이들이 서로 다투면 부모 입장에서는 걱정이 되고 힘들 수도 있겠지만, 그들의 성장 발달을 위해 적절히 중재해주며 참고 기다리는 지혜가 필요합니다.

스마트폰,
얼마나 허락해야 할까요?

'요즘 아이들은 태어나면서부터 스마트폰을 다룰 줄 안다'는 농담이 더 이상 농담으로만 여겨지지 않는 것이 현실입니다. 스마트폰 외에도 TV를 포함한 다양한 미디어의 사용은 21세기의 오늘을 살아가는 우리에게 있어 생활의 일부라고 할 만큼 익숙한 문화이며, 더 나아가 아이들의 성장과 발달에 영향력이 매우 큰 중요한 환경적 요소로 자리매김했다고 할 수 있습니다.

식당에서 아이가 소란스럽게 할 때, 대부분의 부모들은 급한대로 아이에게 스마트폰을 쥐어주고 좋아하는 동영상을 시청하게 합니다. 아이가 고집스럽게 바람직하지 않은 행동을 할 때, 얌전히 있으면 좋아하는 게임을 하도록 허락해주겠다는 약속을 하기도 합니다. 아이에게 스마트폰을 이용한 게임, 동영상 시청이 그만큼 매력적인 요소라는 의미도 되겠지요. 부모는 아이에게 스마트폰이나 다양한 형태의 멀티미디어 기기를 사용하게 하는 것이 결코 유익하지 않을 것이라는 걱정을 하면서도, '아이가 좋아하니까…' 또는 '한 번은 괜찮겠지…'라고 생각하며 일단 허용하게 되는 것입니다.

아이의 발달 환경 중에서 TV, 스마트폰을 포함하는 다양한 매체의 영향력은 생각보다 강력합니다. 아이가 보는 콘텐츠가 나누기, 협력하기, 위로하기와 같은 친사회적 행동을 포함하고 있다면, 그 영상물의 시청은 아이에게 친사회적 행동을 모방 학습하게 하는 효과가 있습니다. 그러나 아이에게 항상 긍정적인 콘텐츠만 노출되는 안전한 환경은 아니기에 부모는 걱정을 할 수밖에 없습니다. 일반적으로 알려진 미디어 시청의 부정적 측면은, 신체적, 인지적, 정서적, 사회적 발달을 두루 저해한다는 것입니다.

첫째, 미디어 영상물의 시청은 수동적으로 이루어지므로

아이의 적극적인 자발성을 저해할 수 있습니다. 둘째, 영상물의 내용이 공상적이고 환상적인 측면을 많이 포함하고 있는 경우, 아이가 실제와 환상 사이에서 괴리감을 느낄 위험이 있으며, 이는 사회 부적응으로 연결될 수 있습니다. 특히 내용이 폭력적인 경우, 아이의 공격성, 파괴성, 충동성을 증폭시켜 정서 발달에 위험을 초래할 수 있습니다. 셋째, 아이가 영상물의 주인공에 지나치게 몰입하면 자신을 그 인물과 동일시하려는 경향이 생기면서 주인공의 말투나 행동을 무분별하게 따라할 수 있습니다. 또한 인물들이 고정화된 성역할 개념을 보여주고 있는 경우도 많아서 이러한 콘텐츠를 반복적으로 시청하게 되면 남녀 성역할에 대해 사회적 편견과 선입견을 갖게 될 수도 있습니다.

미디어 사용의 또 다른 부정적 영향력은 사회적 상호작용이 제한된다는 것입니다. 미디어 시청과 사용으로 인해 가족 구성원들과의 대화가 줄어들면서 심한 경우 사회적 고립으로 이어질 수 있습니다. 상호작용의 제한은 아이가 밖에서 사회적 기술을 익힐 수 있는 기회를 상대적으로 빼앗아 가면서 언어 이해력이나 유창성을 저해할 위험도 있을 것입니다. 독서나 놀이를 할 시간 역시 빼앗기 때문에 인지 발달이 제한적으로 이루어질 위험도 있습니다. 어린 시절부터 스마트폰에 노출된 영아가 청소년이 되었을 때 '팝콘 브레인 증후군'을 나타내기도 한다는 보고도 있습니다. 팝콘 브레인 증후군이란, 스마트폰 중독이나 게임 중독에 빠진 아이가 마치 팝콘이 튀어오르는 현상처럼 실생활에서도 즉각적이고 빠른 자극에만 익숙해져 일상적 속도의 다양한 자극에 무뎌지는 현상을 말합니다. 또한 장시간 미디어에 몰입하는 동안 신체적으로 고정된 자세를 취하고 전자파에 오랜 시간 노출되는 것으로 인해 근골격계 문제나 시력 저하 등의 신체적 건강에도 이상을 초래할 수 있습니다.

그런데 이러한 여러 가지 위험성을 내포하고 있음에도 불구하고 인터넷을 통한 교육 환경은 이제 보편적 형태가 되었습니다. 따라서 미디어 사용을 제한하려 하기보다는, 어떻게 하면 건전하고 효율적으로 사용할 수 있을지를 고민해야 할 때입니다. 최근에는 업무나 일상에서도 다양한 소프트웨어와 어플리케이션의 활용을 통해 미디어 기반의 생활이 이루어지고 있기에 아이의 미디어 사용은 앞으로도 일상 속에서 자연스럽게 이루어지게 될 것입니다. 그러니 아이가 게임이나 인터넷 중독에 빠지지 않도록 보호자들이 운영의 묘를 발휘하는 것이 필요합니다. 그러기 위해서는 우선 아이가 좋아하는 게임의 내용을 잘 알고 있어야 합니다. 동시에 그 게임의 문제점에 대해서도 파악하고 있어야 합니다. 그것이 아이의 과도한 미디어 사용을 예방하는 출발점이라 할 수 있습니다. 다음으로 유의해야 할 사항은 사용에 제한을 두는 것입니다. 보통은 사용 시간을 제한합니다. 하루 30분이나 1시간만 게임을 하도록 하는 것이죠.

하지만 시간 제한은 결국 게임을 매일 접하게 만들며, 이처럼 매일 게임을 접하게 되면 몸에 밴 습관으로 이어져 나중에는 하루라도 게임을 하지 않으면 참기 어려워지는 중독으로 이어질 수 있습니다. 그러므로 시간을 제한하기보다는 횟수를 제한하는 것이 더 중요합니다. 일주일에 한 번이나 두 번 사용하도록 횟수를 먼저 정하고, 한 번 사용할 때마다 한 시간(또는 30분)을 넘지 않도록 추가로 시간을 제한하는 것이 효과적입니다. 이때 또 한 가지 중요한 점은 이런 규칙을 정하면 그 규칙은 언제, 어떤 상황에서도 반드시 지키도록 해야 한다는 것입니다. 예외를 적용하지 않아야 하며 이것만큼은 부모가 아이에게 양보하지 않고 관철시키는 것이 중요합니다. 집에 손님이 왔으니 좀 더 사용하게 한다거나, 식당이나 모임 장소에서는 더 사용하게 하는 식의 양보를 하지 말아야 합니다.

미디어를 통해 교육이 이루어지고, SNS 등을 통해 친구를 사귀는 등의 사회적 소통이 이루어지고 있는 요즘, 아이의 미디어 사용에 대한 적절한 기준을 정할 수 있도록 부모의 고민과 노력이 필요할 것입니다.

아이의 마음을 읽어주는 엄마

1판 1쇄 발행 2023년 08월 01일

지은이 김원경
발행인 오영진 김진갑
발행처 (주)심야책방

기획 박수진
책임편집 유인경
기획편집 박민희 박은화
디자인팀 안윤민 김현주 강재준
마케팅 박시현 박준서 조성은 김수연 김승겸
경영지원 이혜선

출판등록 2006년 1월 11일 제313-2006-15호
주소 서울시 마포구 월드컵북로5가길 12 서교빌딩 2층
원고 투고 및 독자 문의 midnightbookstore@naver.com
전화 02-332-3310 팩스 02-332-7741
블로그 blog.naver.com/midnightbookstore
페이스북 www.facebook.com/tornadobook
인스타그램 @tornadobooks

ISBN 979-11-5873-276-9 (03590)